视觉显著性目标检测原理及方法

王　凡　王铭显　著

U0264291

中国石化出版社

·北京·

内 容 提 要

　　本书内容主要包括视觉显著性检测的研究意义和相关知识、视觉显著性目标检测原理及实验数据集和实验评价准则、图半监督学习的基础知识和理论模型、经典的基于图的视觉显著性目标检测方法，系统论述了目前视觉显著性检测的国内外研究现状及面临的挑战，聚焦国内外最新研究进展，重点介绍了 7 种基于图半监督学习的视觉显著性目标检测方法的研究工作。

　　本书可供视觉显著性检测研究人员及从事图像语义分割、目标检测和目标追踪的学者借鉴和参考，也可作为高等院校相关专业师生的学习资料。

图书在版编目(CIP)数据

视觉显著性目标检测原理及方法／王凡，王铭显著．
北京：中国石化出版社，2025.1. — ISBN 978 - 7 - 5114 - 7863 - 4

Ⅰ. TP391.41

中国国家版本馆 CIP 数据核字第 2025JJ1023 号

中国石化出版社出版发行

地址:北京市东城区安定门外大街 58 号
邮编:100011　电话:(010)57512500
发行部电话:(010)57512575
http://www.sinopec-press.com
E-mail:press@sinopec.com
北京艾普海德印刷有限公司印刷
全国各地新华书店经销

＊

710 毫米×1000 毫米 16 开本 11.5 印张 252 千字
2025 年 1 月第 1 版　2025 年 1 月第 1 次印刷
定价:68.00 元

前　　言

人类视觉系统能迅速捕捉复杂场景中感兴趣或者特征显著的目标区域。随着人工智能和数字化媒体的发展，图像成为各行各业获取、储存和传递信息的主要载体，导致图像以爆炸式的速度涌现。显著性目标检测的研究旨在通过计算机模拟人类视觉注意过程，突出图像场景中感兴趣的目标区域并消除其他冗余信息。近十年来，显著性目标检测技术不断进步，并被成功地应用于其他计算机视觉领域的预处理环节，如图像分割、图像剪裁、视频目标追踪、目标检测和识别等。显著性目标检测方法可根据注意过程分为自底向上的无监督方法和自顶向下的监督学习方法。自底向上的无监督方法的优势是算法易于实现、计算速度快，具有非常可期的实际应用研究价值。图扩散机制是自底向上的无监督方法中的典型方法，通过对像素点或像素块扩散归类从而完整地提取图像中的显著性目标，得到的实验效果明显。图主要决定着图扩散机制的性能，但是现有无监督图都是基于传统图的构建形式，构造的扩散机制对复杂图像场景的检测能力和鲁棒性差。本书将以图理论和图像特征为支撑，针对复杂图像场景中显著性目标检测的相关问题展开系列探讨和研究。

本书共分为 10 章。第 1 章为绪论，综述了视觉显著性目标检测研究现状和存在的问题；第 2 章为视觉显著性目标检测基础知识，通过人类视觉注意机制揭示了视觉显著性检测原理，并给出视觉显著性目标检测实验数据集和评价方法；第 3 章为图半监督学习，主要阐述了图的概念和构造、图半监督学习方法以及经典的基于图的视觉显著性目标检测；第 4 章为基于颜色描述子和高层先验的显著性目标检测；第5章为基于多图交叉扩散的显著性目标检测；第6章为基于强化图的显著性目标检测；第7章为基于三层强化图扩散的显著性目标检测；第8章为基于稀疏子空间聚类强化图的多尺度显著性目标检测；第9章为基于加权图构建的显著性目标检测；第10章为基于稀疏图加权强化图扩散的显著性目标检测。其中，第1、4~9章由王凡执笔，共计18.2万字；第2、3、10章由王铭显执笔，共计7万字。全书由王凡统稿完成。

本书获得西安石油大学优秀学术著作出版基金资助出版，并获得国家自然科学基金青年项目（项目编号：12401673）和陕西省自然科学基础研究项目（项目编号：2024-JC-YBQN-0670）资助，在此表示感谢。

由于作者水平和时间有限，书中不足之处在所难免，敬请读者批评指正。

目　　录

第 1 章　绪　论

1.1　引言

社会正在逐步迈向智能化和信息化发展阶段，数据信息处理和计算机视觉的研究在各行各业备受关注。图像由于可以直观地呈现出生动、丰富的场景信息，成为众多领域获取、传递和保留数据信息的主要载体，如遥感卫星监测、医疗仪器诊断、智能机器人、汽车自动驾驶的道路场景分析、自动化工业生产安全监测和互联网等。尤其是互联网和计算机技术突飞猛进的发展和普及，各种社交软件出现在用户的终端设备，如智能手机、iPad 和电脑等，让人们的日常生活和工作更加丰富、便捷。国内外拥有比较庞大用户基数的平台有谷歌浏览器、微信、QQ、微博、Twitter、YouTube、Facebook 等，这些平台上每天都充斥着大量的图像场景，海量图像数据的分析、储存给计算机带来了巨大的挑战。据统计，图像中重要或者感兴趣的信息占总信息的 15% ~ 25%，那么如何通过计算机技术从海量图像中快速定位和提取感兴趣的信息，实现海量数据信息的高效储存和检索，在计算机视觉领域是非常值得深入研究的问题，具有很高的实际应用价值(图 1 – 1)。

在人类大脑接收的信息中，来源于视觉系统的信息量占总信息量的 80% 以上。人类视觉系统(the Human Visual System，HVS)可以被看作一种天然、高效的信息过滤器，当眼睛看到一个场景或者一幅图像时，视觉注意力可以快速被场景或图像中的某一目标物体所吸引，而忽略了场景中其他的冗余信息。相关研究指出，人类视觉系统获取和处理信息的速度为每秒 10^8 ~ 10^9 比特。在这种视觉感知特性的启发下，认知心理学家和神经心理学家开始关注人类的心理活动和神经系统的研究，揭示了人类视觉系统对场景中的重要信息具有强有力的关注和选择能力，这种现象被称为"人类视觉注意机制"。研究表明，人类视觉系统对显

(a) 视频监控　　　　　(b) 图像/视频压缩　　　　　(c) 人机交互

(d) 图像检索　　　　　应用场景　　　　　(e) 图像分割

(f) 视觉跟踪　　　　　(g) 质量评价　　　　　(h) 数码娱乐

图 1 - 1　视觉显著性的应用场景举例

著性目标的感知是通过局部突出区域对神经元细胞刺激而产生的反应。为模拟视觉注意机制的原理，视觉显著性检测研究应运而生，即根据人类视觉注意机制的感知特性进行数学建模，使计算机能够迅速定位感兴趣的区域、提取完整的感兴趣区域信息。十几年来，视觉显著性检测在学术界和工业界都受到了众多学者的青睐，循序渐进地深入研究使它对图像和视频中关键信息的提取愈加精确，为计算机视觉和人工智能处理图像信息提供了新的思路。鉴于对图像内容良好的分析和处理能力，视觉显著性检测可以作为一种有效的预处理环节或者辅助处理方法，应用于与其相关研究领域的图像和视频数据处理技术中，如前景注释、图像质量评价、图像和视频分割、图像和视频压缩、图像和视频检索、目标追踪、行为识别和视频摘要、工业产品质量监测和缺陷检测等。

1.2　视觉显著性检测任务

　　根据视觉显著性检测的研究任务，视觉显著性检测主要划分为人眼注视点预测（Eye Fixation Prediction，EFP）和显著性目标检测（Salient Object Detection，SOD）。人眼注视点预测的任务是凸显眼动点在图像中的位置。显著性目标检测的任务是将显著性目标区域完整地从图像中提取出来，并准确地保留目标区域清晰的边缘轮廓。图1-2(a)~图1-2(c)是人眼注意点预测效果图，依次表示原图像、眼动点位置标注图和眼动点预测显著图；图1-2(d)、图1-2(e)是显著性目标检测效果图，分别是原图像和真值图像。对比之下，显著性目标方法提取的显著信息更完整，具备更宽泛的理论研究和实际应用价值。因此，众多学者致力于对显著性目标检测的理论和应用进行研究，并在不同理论的指导下得到了大量的研究成果。

(a) 原图像一　(b) 眼动点位置标注图　(c) 眼动点预测显著图　　(d) 原图像二　　(e) 真值图像

图1-2　人眼注视点预测图和显著性目标检测图

根据显著性目标检测方法的处理过程，可将现有的方法分为自底向上的无监督模型和自顶向下的监督学习模型，如图1-3和图1-4所示。自底向上是数据驱动型检测方法，主要是基于图像场景的先验假设，常见的先验假设有：全局和局部对比度先验、图像边界先验、图像中心先验、前景空间紧凑性先验等。自底向上方法对简单图像场景中的显著性目标检测结果良好，但在复杂图像场景中亟待进一步研究和改进。自顶向下是任务驱动型检测方法，通过使样本(原图像和真值图像组成)根据所需完成的任务进行学习训练，从而生成显著性目标计算模型。根据所生成显著图的准确度可知，自顶向下的监督学习模型往往优于自底向上的无监督模型，对于语义信息丰富的显著性目标这种特点尤为突出。但是由于训练样本的局限性，在部分图像场景中无法正确判别显著性目标，而且训练学习过程也需要大量的时间成本。

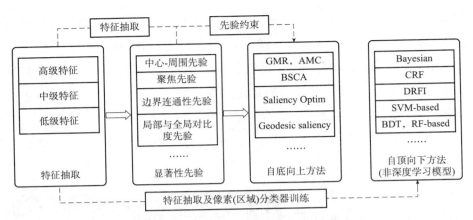

图1-3　传统自底向上和自顶向下的显著性物体检测方法

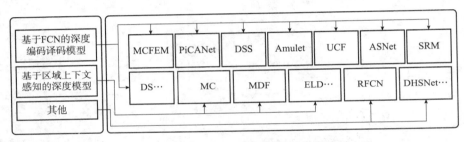

图1-4　基于深度CNN模型的显著性物体检测方法

根据测评数据集的组成样式，显著性目标检测可以分为RGB图像显著性目标检测方法、RGB-D图像显著性目标检测方法、RGB-T图像显著性目标检测方法、协同显著性目标检测方法和视频显著性目标检测方法。显著性目标检测发展初期的主要检测对象是RGB图像，近十几年的研究使得RGB图像显著性检测的性能取得了突破性进展。在复杂多变的图像场景中，双目感知的深度信息也是判断显著性目标的关键，RGB-D图像显著性目标检测研究正是通过联合场景中的RGB图像和双目感知的深度图（Depth Map），以提取复杂场景中的显著性目标。类似地，RGB-T图像显著性目标检测是通过结合RGB图像和热红外图像（Thermal Infrared Image）以获得图像中的显著性目标。利用热红外摄像机捕捉温度高于绝对0℃的物体发出的红外辐射（0.75~13μm），图像中目标物体的清晰度不仅不受光照和天气的影响，而且可以抑制和均质化背景信息。协同显著性目标检测是基于多幅图像之间的关联性，以此在一系列图像中检测具有相同语义特性的显著性目标。视频显著性目标检测是利用视频数据的时间和空间信息建立数学模型。RGB 显著性目标检测是设计其他对象检测方法的基本途径，因此成为本书模型建立和研究的主要对象。

1.3 视觉显著性检测研究现状

200 多年前，德国实验心理学之父 Wilhelm Wundt 就已经关注视觉注意点的研究。基于人类视觉注意机制和特征融合理论，Itti 等于 1998 年提出了首个自底向上的显著性检测方法——Itti 模型。它通过中心－周围对比度机制计算多个特征（颜色、亮度和方向等）的差异图，并对多个特征差异图进行线性融合生成最终的显著图。随后利用神经网络模拟 HVS 的"胜者为王（Winner-Take-All）"和"回归抑制（Inhibition of Return）"完成注意选择的全过程，如图 1-5 所示。

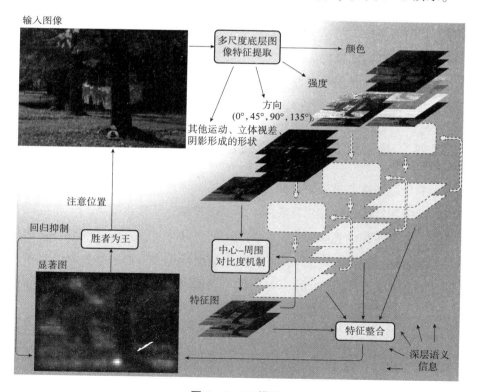

图 1-5 Itti 模型

Itti 模型基于自底向上的预注意过程开启了人眼注意点预测的研究。2006 年，Harel 等利用如图 1 - 5 所示的随机游走机制，模拟人眼注视点的移动路径。图中每个顶点(像素点)的显著性值是其随机游走到状态平衡稳定时得到的。Hou 等从频谱信息的层面分析图像的显著性，并提出了基于频谱残差的视觉显著性模型。人眼注意点预测得到的显著图，能够有效定位显著性目标的位置，可以用于目标定位和追踪。但是，由于它无法凸显显著性目标的完整信息，导致其实际应用领域受限。2007 年，为了获得更精确、更完整的显著性目标，Liu 等将视觉显著性检测定义为二类分割问题，即显著性目标检测。其中，通过超像素分割算法 SLIC 分割得到的超像素图，可以较完整地保留原图像的结构信息和边缘轮廓。超像素块作为显著值计算单元不仅可以提升显著性目标检测的性能，还可以降低计算机处理数据需要的时间成本，成为显著性目标检测的首选图像预处理方法。2010 年起，显著性目标检测激起了众多学者的研究兴趣，不同理论指导下的显著性目标检测方法层出不穷。本节将从图像特征的提取方式和视觉注意过程两方面展开，介绍国内外关于显著性目标检测的研究情况。现有的显著性目标检测方法可分为：基于低层图像特征的自底向上显著性目标检测方法、基于低层图像特征的自顶向下显著性目标检测方法、基于高层语义信息的自底向上显著性目标检测方法和基于深度学习的显著性目标检测方法。

1.3.1 基于低层图像特征的自底向上显著性目标检测方法

本小节介绍的这类显著性目标检测方法的具体过程为：①输入原图像；②人工提取低层图像特征；③建立自底向上的数学模型；④输出显著图。自底向上的注意机制依赖于图像的先验假设，如局部和全局对比度先验、背景先验(边界先验)、前景紧凑性先验等。另外，还有一些辅助性先验，如中心先验、对象性先验、颜色先验和暗通道先验等，可以结合其他先验知识建立显著性目标检测方法。

1. 局部和全局对比度先验

局部和全局对比度先验即图像场景中的显著性目标区域与周围或者全局图像区域在外观(颜色、纹理、方向)上存在的视觉差异。局部对比度指显著性目标区域与周围区域因在特征上存在鲜明区别，从而展现出的显著性。全局对比度指显著性目标在整个图像特征上表现独特。一般情况下，局部对比度不适合于大尺度的显著性目标或者显著性目标包含多个不同特征的区域，会使生成的显著区域不完整。相比而言，全局对比度更有利于大尺度的显著性目标或者显著性目标包含多个不同特征区域的图像场景，但是对于复杂场景中小尺度显著性目标的检测能力弱。Jiang 等构建了多尺度局部对比度模型，通过从不同尺度计算每个区域与其相邻区域的颜色直方图差异来估算该区域的显著值，其显著图拥有较好的目标边界，但是目标区域的显著值不一致。Cheng 等提出了基于全局区域对比度的显著性模型，包含了颜色直方图对比度计算模型（HC）和区域特征对比度计算模型（RC），计算的显著图在精度和召回率上得到了突破性的改善。Perazzi 等提出了显著性滤波器（SF），该方法采用高维数高斯滤波函数计算 CIElab 颜色空间的对比度和显著概率值。

2. 基于先验信息融合的方法

根据视觉感知特点和图像场景的拍摄习惯，研究者根据显著性目标和背景信息存在的一些假设性先验知识，建立显著性目标检测模型。中心先验指显著性目标通常位于或者靠近图像中心位置。研究者通过高斯函数将较大的显著值分配给靠近图像中心位置的像素点，而距离中心位置越远的像素点的显著值则越小。Goferman 等提出了上下文感知显著性模型，并结合中心先验计算显著信息图。Jiang 等提出了独特性、对象性和聚焦度显著性先验信息整合的计算模型，通过融合三种先验信息获取图像的显著图。独特性先验指像素点或者像素块在特征上呈现出的稀有性。聚焦度先验指在拍摄场景时因把焦点聚集于显著性目标区域而受到高度的视觉关注。Li 等利用边界先验和中心先验构建了密集重构、系数重构，并用于计算图像的显著性值。Zhang 等采用了将颜色先验和中心先验相结合的方法度量图像的显著性值。颜色先验指暖色，如红色和黄色更加吸引人眼注意，从而被视作显著性区域。目标先验是指一个设定的图像窗口覆盖完整目标区域的概率。Zhu 等采用了将暗通道先验和中心先验相结合的方法获取图像中的显著性目标信息。在现有的感知先验信息中，被广泛应用且比较有效的感知先验信息是边界先验，又称为背景先验，指的是把位于图像边界的像素块作为背景区域。Zhu 等提出了鲁棒性背景先验的显著性模型，通过计算边界连接值来判定一个超像素块属于背景区域的可能性。Zhang 等通过最小化栅格距离变换计算图像的边界连通性。Tu 等利用最小生成树原理计算图像的边界连通性，从而实现显著性目标检测。然而，当显著性目标的某些部分位于图像边界时，将导致模型的检测性能下降。

3. 基于低秩稀疏分解的方法

低秩稀疏分解方法的主要思想是提取图像的多维特征矩阵代替图像，采用稀疏分解模型将特征矩阵分为稀疏矩阵和低秩矩阵，稀疏矩阵为显著性目标信息，低秩矩阵则为冗余背景信息。这类方法需要结合中心先验、颜色先验、人脸先验和背景先验等，并对特征矩阵进行约束。2013 年，Zou 等提出了基于分割驱动的低秩恢复模型，并用于计算图像的显著性目标。Li 等采用双倍低秩矩阵恢复模型实现了显著信息的融合。Peng 等提出了基于结构矩阵分解的显著性模型（SMD）。SMD 模型通过树结构稀疏诱导正则化获得图像的结构，以此驱使显著区域中的不同超像素块有相等的显著值。除此之外，Peng 等还利用拉普拉斯正则化在高维特征矩阵中增大显著性目标和背景区域的差异度。Zheng 等通过优化模型对SMD 算法进行改进，提高了显著性目标的检测性能。Zhang 等利用局部树结构低秩约束表示稀疏矩阵，进而指导复杂背景信息结构的提取，同时通过深度语义信息的背景显著图构造背景字典，提高背景表示能力。

4. 基于图的方法

这类方法将图像处理单元作为图的顶点，并计算两个相邻顶点之间的特征相似性值将其作为图的边。根据图像的先验假设选取标记顶点（前景种子、背景种子），并通过图顶点之间的关联性和更新扩散机制计算未标记顶点的显著值。2006 年，Harel 等较早地提出了基于图扩散的显著性模型，将每个像素作为图的顶点，顶点之间的相似估计值作为图的边，从而构成马尔可夫链。该模型属于视觉注意点预测方法，无法均匀地突出整个显著性区域。Gopalakrishnan 等为了生成更完整的显著区域，利用完备图和 K – 正则图中的遍历马尔可夫链的平衡分配，设计了基于半监督学习的显著性种子扩散模型。2013 年，研究者提出了两个转折性的基于图的显著性目标检测方法：基于图的流形排序方法（Graph-based Manifold Ranking，GMR）和吸收马尔可夫链方法（Absorb Markov Chain，AMC）。GMR 模型是 Yang 等提出的基于流形排序的显著性目标检测方法，利用 CIElab 颜色特征建立了两层图，以超像素作为图顶点，两个顶点的相似性通过高斯核函数进行度量并作为图的边。在第一层图中，选择位于四个图像边界的超像素块作为背景种子，并通过流形排序对背景种子进行扩散处理，从而得到粗显著图。在第二层图中，通过均值分割对粗显著图进行二值化得到显著种子，再次通过流形排序进行扩散从而获得最终的显著图。AMC 模型是 Jiang 等建立的基于吸收马尔可夫链的显著性目标检测方法，将位于图像边界的超像素块作为吸收顶点，其余超像素块作为转移扩散顶点。将每一个顶点随机游走到吸收顶点所消耗的时间作为该顶点与吸收顶点之间在 CIElab 颜色空间上相似值，以此来度量每个顶点的显著值。此后，众多不同类型的图方法相继出现。Li 等构建了正则化随机游走排序模型，并用于计算超像素的显著性值。Li 等设计了一种新的标签内和标签间传播模型，通过边界先验和目标先验获得背景和前景种子。Qin 等提出了元胞自动机（Single Cellular Automata，SCA）同步更新机制，用于优化背景先验的显著图方法（BSCA）。元胞自动机是模拟图扩散机制形成的具有稳定鲁棒性的显著性优化方法。该方法基于背景种子估算出粗显著图，并通过 SCA 同步扩散机制对粗显著图进一步优化从而获得精显著图。SCA 主要包含影响因子矩阵和置信度矩阵两个因素，影响因子矩阵中的元素是 CIElab 颜色空间中两个超像素之间的欧氏距离；置信度矩阵有助于每个元胞（超像素点）更新到更加稳定且精确的状态。Zhou 等根据前景紧凑性的特点，提出了基于前景紧凑性的显著性目标检测方法，其建立的核心思想是采用稀疏图对全局相似矩阵进行扩散处理。基于这些典型的图扩散方法，研究者提出了很多优秀的改进方法，如表 1-1 所示。

表 1-1 基于图的显著性目标检测方法

方法	出版/年份	核心理论	图像特征	先验信息
RW	CVPR/2009	马尔可夫随机游走	低层图像特征	全局对比度、前景紧凑性
AMC	ICCV/2013	吸收马尔可夫链	低层图像特征	背景先验
GMR	CVPR/2013	流形排序学习	低层图像特征	背景先验
CHM	CVPR/2013	上下文超图	低层图像特征	中心–周围对比度
RBD	CVPR/2014	显著性优化模型	低层图像特征	鲁棒性背景先验
BSCA	CVPR/2015	元胞自动机模型	低层图像特征	背景先验
IILP	TIP/2015	标签传播模型	低层图像特征	背景先验、目标先验

方法	出版/年份	核心理论	图像特征	先验信息
RRWR	CVPR/2015	正则化随机游走模型	低层图像特征	背景先验
IDCL	TIP/2015	空间紧凑性扩散	低层图像特征	前景紧凑性、对比度先验
SPSD	CVPR/2015	闭环机器学习	低层图像特征	背景先验、凸包先验
GraB	CVPR/2016	流形排序学习	低层图像特征	背景先验
RST	ICCV/2017	结构树排序的监督学习	低层图像特征	聚焦先验
2LSG	TIP/2018	两层稀疏图扩散模型	低层图像特征	前景紧凑性
RCRR	TIP/2018	流形排序模型、正则化随机游走模型	低层图像特征	背景先验
PDP	TIP/2018	基于 RBD 的图优化	低层图像特征	伪深度先验信息、鲁棒性背景先验
AME	TIP/2018	多图协作的吸收马尔可夫链	FCN-32s 特征、目标边缘轮廓	背景先验
HCA	IJCM/2018	多层元胞自动机模型	FCN-32s 特征	背景先验
SDGL	TIP/2020	多图迭代协作的流形排序模型	FCN-32s 特征、低层图像特征	背景先验
LRR	TIP/2020	回归流形模型	FCN-32s 特征、低层图像特征	背景先验

1.3.2 基于低层图像特征的自顶向下显著性目标检测方法

基于低层图像特征的自底向上显著性目标检测方法对简单场景的检测性能良好，但是当图像中场景混乱、显著性目标与周围背景在特征上相似时，它们无法准确地判断和提取显著性目标。自顶向下方法则可以通过训练原图像和真值图像组成的样本，从而提取图像的深层次信息，这类方法能更准确地检测复杂场景中的显著性目标。2007 年，Liu 等利用条件随机场理论构建了显著性检测模型，主要是通过条件随机场融合特征图计算最终的显著图。2012 年，Shen 等根据低秩矩阵恢复理论模拟了一种联合的低秩模型(ULR)，将图像中的目标区域从复杂的背景信息结构中分解出来，同时利用显著性先验信息（颜色先验、人脸先验、中心先验）指导矩阵的分解来提高显著性检测性能。Jiang 等通过模拟随机森林回归问题计算图像的显著性区域。这种方法先提取高维特征矩阵（区域颜色特征、边界背景颜色特征、空间域特征、形状纹理特征）；再采用回归森林算法对显著样本和背景样本进行学习训练；最后对每个图像块进行多尺度显著性预测并融合，从而得到最终的显著图。Kim 等基于高维颜色空间的线性结合和随机森林回归算法估计图像的初始显著图。Wang 等将显著性目标检测视作多实例学习问题，采用区域特征（低层特征、中层特征、边缘特征）训练四种不同的 MIL 分类器。Tong 等学习了 Bootstrap 分类器检测图像中的显著性目标物体。Yang 等利用最大边际方法共同学习条件随机场和判别词典，研究显著性目标检测问题。

1.3.3　基于高层语义信息的自底向上显著性目标检测方法

图像的低层特征只能表达显著性目标和背景区域在外观上的特征差异性。自底向上方法在简单场景中可以获得良好的显著图，图中目标区域保留完整、连续的边界，但是在复杂场景中，自底向上方法提取的显著性目标准确度很低。2015年，Long 等采用数据集训练全卷积网络模型（Fully Convolutional Networks，FCNs），并对原图像进行一系列卷积、池化，获得对应池层的图像语义信息（FCN－32s 特征）。FCN－32s 特征在显著性目标检测中，可以有效判别复杂场景中的语义目标。2018 年，Qin 等采用 FCN－32s 特征建立了分层元胞自动机更新优化机制。Zhang 等用 FCN－32s 特征构建了多个全亲和图矩阵，并在 AMC 的基础上提出了概率转移矩阵学习的吸收马尔可夫链。这两种方法取得的检测效果优于低层图像特征的自底向上方法（AMC 和 BSCA），但是它们模糊了显著性目标的边界位置。于是，研究者将低层图像特征和高层语义信息相结合用于研究显著性目标检测问题。Tu 等提出了多图协作学习的 RGB－T 显著性目标检测方法，它分别提取了 RGB 图像、热红外图像的 CIElab 颜色特征和 FCN－32s 特征。Deng 等联合低层图像特征和 FCN－32s 特征，在背景先验的指导下提出了多图自适应加权融合的流形排序方法。Zhang 等对低层图像特征和 FCN－32s 特征的图矩阵进行交叉扩散处理，得到融合图矩阵，从而模拟局部回归排序，提取图像显著性目标。

1.3.4 基于深度学习的显著性目标检测方法

大数据处理和人工智能领域的长足发展离不开深度学习。上述介绍的基于高层语义特征的自底向上显著性目标检测方法，揭示了全卷积网络在复杂场景中拥有良好的语义表达能力，可以有效探测图像的深层次信息，因此，近年来提出了非常多的显著性目标检测算法。2015年，基于卷积神经网络(Convolutional Neural Network，CNN)建立的深度学习模型，为显著性目标检测研究带来了突破性的进展，继而迎来了显著性目标检测的第三次研究热潮。Zhao等在多尺度设置下通过学习深度语义特征来计算图像的显著性。该模型采用深度CNN探测每个超像素的全局和局部语义信息，并通过共享多层感知器回归得到最终的显著图。Zou等根据多尺度上下文深度学习特征提取显著性目标。Wang等构建深层网络并通过局部估计与全局搜索计算图像的显著性值。2017年，Hou等通过全卷积神经网络模拟显著性检测模型。相比CNNs模型，FCNs模型得到的显著图的准确度和均质性更佳。FCNs设计的显著性检测模型再一次使显著性目标检测研究取得了跨越性的提高，掀起了又一波研究热潮。Zhao等通过构建金字塔特征注意网络(PFAN)来增强高层语义信息和低层空间结构特征。Pang等采用集成交互模型(MSIN)融合邻域层的特征，其中较小的上/下采样率可以有效降低噪声。Wu等建立了新的分解和完备网络(DCN)并整合边缘、骨架作为补充信息，实现了显著性目标检测的模拟。

1.4 视觉显著性检测研究存在的问题

1.4.1 研究对象存在的挑战

由1.3节可知，显著性目标检测方法在不断改进和完善，尤其是深度学习方法让显著性目标检测性能取得了突破性的提升。从检测精度方面分析，它的性能通常优于自底向上方法的显著性目标检测的性能，但是大多数深度学习方法需要耗费大量的时间去训练模型。相反，自底向上方法计算速度快，具有非常可期的实际应用价值。但是自底向上方法对于简单的图像场景，可以获得准确度较高的显著图；对于复杂度较高的图像场景，其生成的显著图准确度较低。本节将探讨图像场景复杂度、拟采用研究理论存在的挑战和问题。

图像场景复杂度严重影响着显著性目标检测方法生成的显著图的准确度，其中具有挑战性的图像场景有以下几种类型。

1）多特征显著性目标如图 1-6(a)所示，图像中目标的特征不一致，包含多个特征区域。传统的自底向上显著性目标检测方法生成的原图像[图 1-6(a)中右图]的显著图中只包含裙子，左边原图像的显著图丢失了伞或者船、人的区域。

    (a) 多特征显著性目标   (b) 前景与背景差异低

    (c) 多样化显著性目标尺度   (d) 多个显著性目标

    (e)语义信息复杂图一   (f) 语义信息复杂图二

图 1-6　显著性目标检测的挑战性案例

2）前景与背景差异低如图 1-6(b)所示，目标与周围背景区域在外观上比较相似，导致传统的自底向上显著性目标检测方法无法获得正确的显著性目标。

3）多样化显著性目标尺度如图 1-6(c)所示，目标尺寸较大，特征区域均质性差。传统方法生成的显著性目标不完整，显著图中存在大量的背景信息。

4）多个显著性目标如图 1 – 6(d)所示，每幅图中包含两个显著性目标，左图两个显著性目标的尺寸大小差异明显，右图两个显著性目标的特征不一致。传统方法生成的显著区域不完整，左图丢失了小目标，右图丢失了后方汽车。

5）目标的先验性弱，传统的自底向上显著性目标检测方法是依托先验假设而设计的，它们采用最多的是边界先验假设。图 1 – 6(c)中左图的目标与边界连接，这会错误引导图方法将目标标记为背景种子，导致最终无法生成准确的显著区域。

6）语义信息复杂如图 1 – 6(e)所示，目标物体不具备丰富的语义特性，左图图像背景信息混乱。图 1 – 6(f)显著性目标是语义物体，目标与背景的对比度低、不具备鲜明的先验特征。

1.4.2　研究方法及存在的问题

在自底向上的显著性目标检测中，图方法的检测性能优于其他理论指导下的方法。图在欧几里得特征空间中生成显著性值，进而实现图扩散。图扩散机制能够对欧几里得特征空间进行有效的空间约束，图上每个顶点的扩散状态是由自身和相邻图顶点(邻域集)共同决定的，可以有效克服因低层图像特征变化对单个图顶点的扩散结果带来的干扰。因此，图方法针对简单图像场景可以生成均质性和完整性良好的显著图，也成为本书工作的主要理论支撑。

表 1 – 1 给出了现有的有关图的自底向上显著性目标检测先进方法，本书针对研究对象存在的问题，对这些方法的性能进行实验和分析，得出以下结论：

1）现有的图方法基本采用的是传统图。传统图矩阵中元素的相似值是采用高斯核函数或者欧氏距离度量而得，图顶点的邻域集是人工设置，所以传统图对图像场景复杂度的鲁棒性弱。

2）传统单特征图无法准确表征图像的信息结构，传统多特征图是不同特征的传统图矩阵进行 hadamard 积或线性相加运算的结果，无法有效利用图像特征之间的互信息，导致图在复杂的图像场景中仍然无法获取准确度较高的显著性目标。

3）传统图只是捕捉图像局部区域的相似性，前景紧凑性方法中全局相似矩阵仅度量了图像特征的全局相似性，这两方面也会影响图方法对复杂场景的检测性能。

第2章　视觉显著性目标检测基础知识

2.1　引言

视觉显著性检测有着重要的研究意义和广阔的应用前景，目前国内外有许多研究者提供了大量实验数据集和实验结果评价方法。本章主要介绍视觉显著性目标检测原理、视觉显著性检测的实验数据集以及实验结果评价准则、典型的基于图的视觉显著性检测方法。

2.2　视觉显著性目标检测原理

2.2.1　人类视觉系统

早期视觉显著性研究的主要目的是对人类视觉系统中出现的各种视觉现象和结果进行解释。由于能够帮助视觉系统快速处理图像和视频等数据，视觉显著性概念被引入计算机视觉领域，因此大量的视觉显著性模型被提出。

人类视觉系统处理信息的效率非常高，它能够快速地接收、分割和识别场景中的目标，组合不同的信息来分析和理解场景。视觉系统通过对可见光中的信息进行检测和解释，使人类建立对周围环境的感知和认识，以完成许多复杂的任务，如识别物体并分类、估计物体与本人的距离、引导本人向目标物体移动等。这样的过程在最先进的计算机和算法下也是非常复杂、困难的，但是对于人类视觉系统而言，这个过程仅仅需要几秒钟的时间就能完成。

根据神经学和解剖学的研究，人类视觉系统包括多个部分：眼睛、视网膜、视神经、视交叉、视束、外侧膝状体、视辐射和大脑皮层上的与视觉有关的区域，如图 2-1 所示。人类视觉系统对视觉信息的处理是按照一定的流程和通路进行的，如图 2-2 和图 2-3 所示。光线照射到场景中不同物体的表面再反射进入人眼，并在眼底视网膜上呈现场景中不同物体的影像。眼底视网膜上的各种感光细胞将这些光信号转化为电信号，通过双核极细胞再将电信号转化为神经脉冲传递给视神经。左右眼的视神经冲动在视交叉处进行交会，沿着视束到达外侧膝状体，经过视辐射到达大脑皮层相应区域完成对不同物体的分析、识别和定位，形成对场景的感知理解。

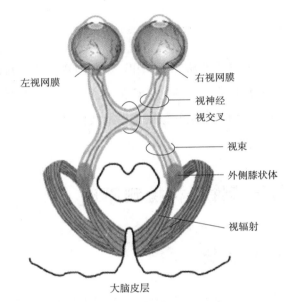

图 2-1　视觉系统示意图

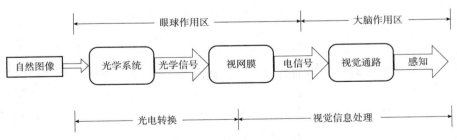

图 2-2　人类视觉系统(HVS)的视觉处理流程

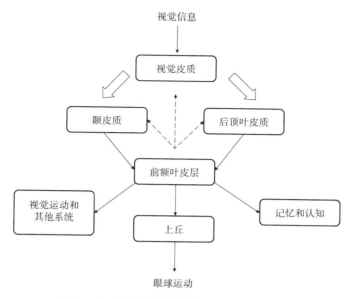

图2-3 视觉信息在视觉系统中的传递过程

2.2.2 视觉显著性定义

具体来说，人类视觉系统会对进入视野内的画面计算出一个显著度，它与视觉显著性（Visual Saliency）相关。显著度由一个二维强度图来表示，该强度图被称为视觉显著性图（Visual Saliency Map）。为了便于后文描述，我们把显著性图中某一点的强度值称为显著性值（Saliency Value），强度最高的显著性值为1，强度最低的显著性值为0。显著性图中强度值越大的区域即为越显著的区域，它表示该区域与周围区域存在着明显的差异性，大脑会认定该区域具有后续处理的价值，该区域被称为"显著性目标"。这个过程实际上是神经系统依赖互竞争规则让胜出的显著性区域作为当前处理区域，同时"返回抑制"机制会在下一次选择显著性目标时忽略当前目标，转而把注意分配到下一个目标。这里所说的显著性目标并不针对特定的物体，它是指通过感知组合（Perceptual Grouping）过程组合起来的基本视觉元素的集合。

2.2.3 视觉显著性检测机制

关于人类视觉注意的认知心理学研究表明，人会注意到图像中的某一个区域而忽视其他区域的主要原因在于该区域的内容(如色彩、亮度或方向)不同于其他区域,从而被凸显出来。显著性区域被凸显出来的原因,在视觉显著性研究领域一般可以用自底向上(Bottom-Up)和自顶向下(Top-Down)这两个模型来解释。这两个模型都有各自的认知心理学理论依据。视觉注意力机制包含自底向上的预注意机制和自顶向下的后注意机制。自底向上的显著性计算模型主要强调的是视觉场景的本身特性,即底层的视觉刺激促使我们更加注意某块区域。该模型下吸引我们的显著性区域有着与其他区域不同的特征属性,自底向上模型的注意力是快速的、无意识的、自发的且是由刺激驱动的,它与先验知识无关。自底向上是数据驱动的无监督注意过程,自顶向下是任务驱动的监督注意过程。

"聚光灯理论(Spotlight Theory)"是自底向上模型基于空间注意力的一种解释,这里把被注意的区域看作聚光灯照射下的区域,它把人们的注意力吸引和限制在小区域范围内,通过移动这盏聚光灯使人类视觉系统聚焦于不同的子区域,该区域以外的区域会被主动忽略。另一个基于空间注意力的理论是 Eriksen 的"变焦镜(Zoom-Lens)"。该模型将人们进行注意力活动时的资源分配生动地比喻为"变焦镜",由于在把有限的注意力资源分配到整个观察空间以后,必然出现密度较低、强度较小的资源分布情况,给所有范围内的目标提供的解析度较低。但是如果把注意力资源集中到有限的狭小区域,那么就能产生较高密度的资源分布,能给目标提供的解析度较高。以上理论都说明了注意力会被空间内的小区域所吸引,该区域内的场景因其自身特性与周围区域反差较大,这种差异会直接刺激我们的视觉系统。

视觉搜索(Visual Search)是一种研究视觉引导的理论,下文将举例说明哪些差异性视觉内容会对人产生刺激。如图 2-4 中左半部分所示,我们会被亮色物体包围中的暗色物体所吸引,这说明色彩的差异在其中起到了关键作用。而在图 2-4 右半部分中,我们会立即被局域图像中心位置的竖向小条所吸引,因为包围它的其他小红条是非竖向的,这说明方向也在物体差异性中起重要作用。这种来自图像本身的高增益区域对人眼来说即为一种无意识的视觉刺激。格式塔(Gestalt)心理学认为前景目标相对于背景区域更容易受到人们的注意。这种注意能力不需要人眼刻意聚焦,但会受到目标尺寸、对称性等因素的影响。如图 2-5 所示,较大的区域、凸状区域或者对称区域更容易被聚焦为前景。

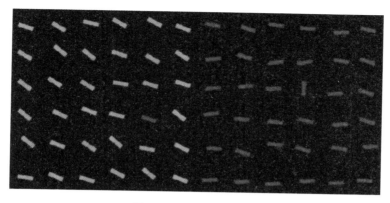

图2-4　视觉搜索示例

图2-5　前景-背景的拓扑关系

　　关于注意力，这里引出两个相对的问题：一个是在什么情况下人会注意哪些内容；另一个是在什么情况下人会忽略哪些内容。例如在观看电影时，电影中某个场景中的小物件在下一个场景中突然出现在了另一个地方，这种小的拍摄错误很难引起人们的注意。这种现实场景中忽略场景改变的现象被称为"变化视盲（Change Blindness）"，这种现象解释了我们在对周边事物进行观察时，关注的是有效信息，从而忽略了剩余信息。这种现象符合人类的生存进化策略，在有限的信息处理能力下优先关注对人有意义的相关信息。这种现象还表明我们的视觉注意过程是一个自顶向下的驱动过程，而且过程具有非常强的灵活性，说明同一个人面对同一场景在不同的条件下所注意的内容和目标也不尽相同。假设你现在很饥饿，那么你可能会注意到邻桌的食物，当你刚吃过东西，那么这些食物你可能就视而不见了。

人用眼睛专注于场景中的某个目标而排除其他信息的行为被称为"集中注意（Focused Attention）"，相对地，也有"注意力转移（Divided Attention）"的行为。注意力转移现象往往发生在观测源中不只存在一个目标的时候，也从侧面验证了注意力选择是自顶向下的理论假设。对于这个假设，Neisser 和 Becklen 曾做过一个有趣的实验。如图 2-6 所示，实验内容是让实验参与者观看两段监控视频。其中一段视频中有两个人在玩拍手的游戏，即两个人互相拍打对方的手。在另一段视频中，有两个人在投掷篮球。实验要求参与者记录第一段视频中拍手的次数，以及第二段视频中投篮的次数。当参与者被要求观看其中一段视频时，他们都能集中注意力，实验顺利完成。但是当他们被要求专注于两段视频的重叠内容时，以上任务基本上难以完成，参与者只能正确计算拍手次数，或者正确计算投篮次数，在专注于其中一项任务时，另一项任务中发生的事情便难以记录下来。该现象用基于空间的自底向上理论是无法说明的，因为在第三段视频中两个事件在同时发生，而且是以半透明方式进行叠加，两者并不存在遮挡。这个有趣的实验也再次验证了上面提到的"变化视盲"现象，说明人类在观察外界时是专注于既定目标而忽略了其他非目标部分的。

图 2-6　基于目标的注意力实验

2.3　图像数据集和评价方法

迄今为止，国内外已经产生了多种用于测评显著性目标检测方法的图像数据集，数据集由原图像和标注的真值图组成。本书的检验实验是在国内外公开的RGB 图像数据集上测试作者所提出的方法和现有典型方法的检测性能。

MSRA：该数据集共包含了 1000 张自然场景的 RGB 图像和标注的真值图，出自数据库 MSRA(Microsoft Research Asia)(图 2 - 7)。这些图像场景的内容信息结构比较简单，背景区域与显著性目标之间的对比度鲜明。通常情况下，显著性目标检测方法在此数据集中皆可以展现出良好的检测性能。

图 2 - 7 MSRA 数据集示例

ECSSD：该数据集共有 1000 张复杂场景的 RGB 图像和标注的真值图，是数据集 CSSD(Complex Scene Saliency Dataset)的扩展数据集(图 2 - 8)。大多数图像场景含有复杂的结构信息和丰富的语义信息，显著性目标与背景信息的对比度参差不齐。该数据集相较于 MSRA1000，其显著性目标的提取难度有所提高。

图 2 - 8 ECSSD 数据集示例

SOD：该数据集包括了 300 张较为复杂的 RGB 图像和标注的真值图，是在图像分割数据集 Berkeley 上建立的用于显著性目标检测的测试数据库（图 2 - 9）。图像中会出现多个显著性目标，显著性目标在颜色上无法从背景区域中凸显。SOD 对于多数显著性方法都极具挑战性。

图 2 - 9　SOD 数据集示例

DUTOMRON：该数据集储存了 5166 张不同场景的 RGB 图像和标注的真值图，这些图像中会存在多个显著性目标，而且场景结构比 ECSSD 数据集更复杂，甚至有些场景中显著性目标与背景区域很难区分（图 2 - 10）。现有的无监督检测方法在该数据集上都无法取得可期的实验结果。

图 2 - 10　DUTOMRON 数据集示例

HUK - IS：该数据集由 4447 张自然场景的 RGB 原始图像和标注的真值图构成（图2-11）。这些图像场景的内容特点是：存在多个互不相连的显著性目标；至少有一个显著性目标与图像边界相连接；场景信息结构相对比较混乱；对常规的显著性检测算法具有一定的挑战性。

图2-11 HUK-IS 数据集示例

PASCAL - S：该数据集总共包含了 850 张混乱场景的 RGB 图像和标注的真值图，这些图像选自 PASCAL VOC 数据库（图2-12）。图像场景中包含了复杂的语义信息和混乱的背景结构，克服了数据库设计中的偏置现象。这个数据集也存在很大的挑战性。

图2-12 PASCAL-S 数据集示例

SED2：该数据集由 100 张包含两个显著性区域的图片构成，并且两者都提供了精确的显著性区域的人工标注结果（图 2 – 13）。

图 2 – 13　SED2 数据集示例

2.4　显著性评价指标

显著性目标检测方法生成的显著图中像素值范围为[0，1]，显著性目标（图像前景）的像素值越接近 1 越佳，其他冗余信息（图像背景）的像素值越接近 0 越佳。实验结果通常从定性、定量两个角度展开分析和评价，定性是从视觉上观察显著图来判断方法的性能，定量是用客观评价方法来证明方法的性能。下文将对被广泛采用的客观评价方法进行介绍。

PR 曲线：指准确率 – 召回率（Precision-Recall，PR）曲线，即设置 0 ~ 250 的阈值 T 对数据集中所有显著图进行二值分割，并以此获得对应的所有显著图的平均召回率和平均准确率。准确率即表示输出的二值化显著图（Binary Map，BM）中正确的显著区域占总显著区域的比例；召回率即表示输出的二值显著图中正确的显著区域占真实的显著区域（Ground Truth，GT）的比例，即

$$precision = \frac{|BM \cap GT|}{|BM|} \qquad (2-1)$$

$$recall = \frac{|BM \cap GT|}{|GT|} \qquad (2-2)$$

F-measure：准确率和召回率曲线具有相互约束的关系，准确率的上升往往会带来召回率的下降。F-measure 则是为了综合度量准确率和召回率的评价指标，即

$$F_\beta = \frac{(1+\beta^2) \cdot precision \cdot recall}{\beta^2 \cdot precision + recall} \qquad (2-3)$$

式中，β 为静态调节系数，正常情况下设置 $\beta^2 = 0.3$。F_β 的值越接近 1，表示显著性检测性能越佳。

S-measure：结构相似度评价，是对预测显著图和二值掩膜标签之间的结构相似度进行估算，即

$$S = \nu \cdot S_F + (1-\nu) \cdot S_B \qquad (2-4)$$

式中，ν 为平衡常数，根据经验设置 $\nu = 0.5$；S_F 为在像素级层面度量显著图和对应的真值图之间的相似度，即

$$S_F = \frac{2x_{FG}}{x_{FG}^2 + 1 + 2\kappa\sigma_{x_{FG}}} \qquad (2-5)$$

式中，x_{FG} 为显著区域预测图的像素平均值；$\sigma_{x_{FG}}$ 为显著性预测图的像素标准差；κ 为平衡常数。

S_B 为在像素级层面的显著图和真值图像背景信息之间的相似度，即

$$S_B = \frac{2x_{BG}}{x_{BG}^2 + 1 + 2\kappa\sigma_{x_{BG}}} \qquad (2-6)$$

式中，x_{BG} 为背景区域预测图的像素平均值；$\sigma_{x_{BG}}$ 为背景区域预测图的像素标准差；κ 为平衡常数。

E-measure：增强匹配指标，指结合局部像素和图像的平均值，并在取得图像级统计量的同时获得局部像素匹配信息。

定义偏差矩阵，并以此计算显著图或真值图与对应的全局平均值之间的距离值，即

$$\varphi_I = SM - \mu_I \cdot \mathbf{I} \qquad (2-7)$$

式中，$\mathbf{I}$ 为元素全为 1 的矩阵；SM 为显著图或者真值图。

由此可分别计算出显著图和真值图对应的偏差矩阵 φ_{BM} 和 φ_{GT}，基于此可获得对齐矩阵，即

$$\xi_{FM} = \frac{2\varphi_{BM} \circ \varphi_{GT}}{\varphi_{BM} \circ \varphi_{BM} + \varphi_{GT} \circ \varphi_{GT}} \qquad (2-8)$$

式中，。为 Hadamard 乘积；ξ_{FM} 为对全局统计信息的探测。

接下来，定义增强的对齐矩阵 $\boldsymbol{\phi}_{FM}=f(\xi_{FM})$，从而计算增强匹配指标，即

$$Q_{FM}=\frac{1}{W\cdot H}\sum_{x=1}^{W}\sum_{y=1}^{H}\boldsymbol{\phi}_{FM}(x,y) \tag{2-9}$$

式中，W 为原图像的宽度；H 为原图像的高度。

MAE：指生成的显著图（Saliency Map，SM）和真值图 GT 间像素级的平均绝对误差，即

$$MAE=\frac{1}{W\cdot H}\left|SM(x,y)-GT(x,y)\right| \tag{2-10}$$

MAE 的值越接近 0，显著性检测结果越佳。

AUC：指 ROC 曲线与坐标轴围成的面积（Area Under Curve）。ROC 曲线表示接收者操作特性曲线，在输出的显著图中，把每个像素单元的显著值与设定的阈值作比较，如果像素的显著值大于设定的阈值则为凝视点，否则为非凝视点。ROC 曲线则是以真阳性率 TPR 为纵坐标，以假阳性率 FPR 为横坐标所得到的曲线。真阳性率和假阳性率分别为

$$TPR=\frac{TP}{TP+TN} \tag{2-11}$$

$$FPR=\frac{FP}{FP+FN} \tag{2-12}$$

式中，TP 为显著图中的凝视点是真实凝视点的总数；TN 为显著图中非凝视点是真实非凝视点的总数；FP 为显著图中的凝视点原本是非凝视点的总数；FN 为显著图的非凝视点原本是真实凝视点的总数。AUC 的值越接近 1，显著性检测结果越佳。

Weighted F-measure（WF）：指加权 F-measure 指标，即在克服计算显著图 SM 的 F-measure 指标时因假阳性像素点和假阴性像素点在空间位置上的相互依赖而造成的缺陷，即

$$F_{\beta}^{w}=\frac{(1+\beta^2)\cdot precision^w\cdot recall^w}{\beta^2\cdot precision^w+recall^w} \tag{2-13}$$

OR：指二值显著图和真值图像之间的重叠率（Overlapping Ratio），即

$$OR=\frac{|BM\cap GT|}{|SM\cup GT|} \tag{2-14}$$

2.5 本章小结

本章通过人类视觉系统和视觉注意机制介绍引入了视觉显著性目标检测原理和视觉显著性定义；介绍了 RBG 图像视觉显著性目标检测的主流公开实验数据集并给出示例图，以及视觉显著性目标检测实验结果的评价方法和计算公式。

第 3 章　图半监督学习

3.1　引言

基于图的视觉显著性检测方法是通过在图上建立传播扩散机制，进而利用视觉显著性先验假设实现显著性计算。本章主要介绍图的概念、图半监督学习理论和主流的基于图的视觉显著性目标检测方法。

3.2　图的概念及构造

很多真实数据集本身就具有图的结构，图是一种自然的数据表示形式。图可以为现实世界的各种实体关系建立对应的网络数据连接模型，如社会系统、通信系统和生物系统等。

3.2.1　图的概念

在图论中，图是由顶点和连接两个顶点之间的边组成的。图中每个顶点代表一个实体，边的权重代表两个相邻实体间的连接属性。具体来说，图由两个集合表示，即 $G = (V, E)$。其中，$V = \{v_1, v_2, \cdots, v_N\}$ 表示顶点集，$E = \{e_{ij}\}$ 表示边界权重集。连接两个顶点之间的边可表示为 $e_{ij} = (v_1, v_2)$。如图 3-1 所展示的图，其顶点集 $V = \{v_1, v_2, v_3, v_4, v_5\}$，边集 $E = \{(v_1, v_2), (v_1, v_3),$

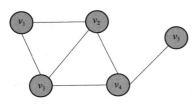

图 3-1　图的定义

$(v_2, v_3), (v_2, v_4), (v_3, v_4), (v_4, v_5)\}$。

3.2.2 图的类型

一般情况下，图的类型可分为无向图、有向图、无向加权图和有向加权图。无向图的边都是无向边，无向边是对称的，无论以哪个顶点为起点或终点，所得到的边的权重都是一样的，即 $e_{ij}=(v_i，v_j)=(v_j，v_i)=e_{ji}$，如图 3 - 2(a) 所示。相反，有向图的边存在方向性，称为有向边，即 $e_{ij}=(v_i，v_j)\neq(v_j，v_i)=e_{ji}$。$e_{ij}=(v_i，v_j)$ 中 v_i 表示边的起点，v_j 表示边的终点，如图 3 - 2(b) 所示。如果图里的每条边都有一个实数与之对应，则称这样的图为加权图，该实数表示对应边上的权值。图 3 - 2(c) 和图 3 - 2(d) 为无向加权图和有向加权图。在实际应用场景中，权值可以代表两个顶点之间的特征相似性、两地之间的运输成本或两地之间的距离等。在研究中通常把权值抽象为两个顶点之间的连接强度。

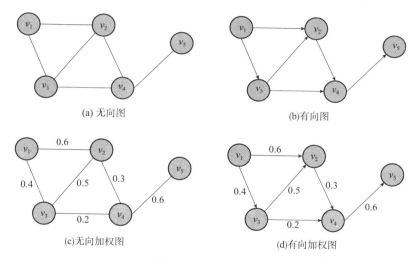

图 3 - 2 图的类型

3.2.3 邻域和度

假设存在一条连接顶点 v_i 和 v_j 的边，则称 v_j 是 v_i 的邻域(邻居)，反之亦然。定义点 v_i 所有邻域的集合为邻域集，记为 $\Omega(v_i)$ 或 Ω_i，即

$$\Omega(v_i)=\{v_j\mid\exists e_{ij}\in E \quad 或 \quad e_{ji}\in E\} \tag{3-1}$$

顶点 v_i 边的总数称为 v_i 的度(Degree)，记为 $\deg(v_i)$，即

$$\deg(v_i) = |\Omega(v_i)| \qquad (3-2)$$

在图中，所有节点的度之和与所有图边的个数存在如式(3-3)所示关系

$$\sum_{v_i} \deg(v_i) = 2|E| \qquad (3-3)$$

3.2.4 图的属性

如何构造图是图的半监督学习算法中的一个核心步骤。

图3-3展示了一个简单的图，假设相似度是二值的，即顶点之间相连为1，或者为0，那么对应的邻接矩阵如图3-4所示。

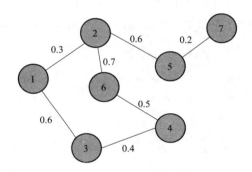

图3-3 无向图

$$\begin{pmatrix}
0 & 1 & 1 & 0 & 0 & 0 & 0 \\
1 & 0 & 0 & 0 & 1 & 1 & 0 \\
1 & 0 & 0 & 1 & 0 & 0 & 0 \\
0 & 0 & 1 & 0 & 0 & 1 & 0 \\
0 & 1 & 0 & 0 & 0 & 0 & 1 \\
0 & 1 & 0 & 1 & 0 & 0 & 0 \\
0 & 0 & 0 & 0 & 1 & 0 & 0
\end{pmatrix}$$

图3-4 邻接矩阵

由 n 个 m 维空间中的数据集 $\{x_1, x_2, \cdots, x_n\}$ 组成的集合常用一个 $m \times n$ 的矩阵来表示：$X = [x_1, x_2, \cdots, x_n] \in \mathbb{R}^{m \times n}$。本书中用 $G = (V, E; W)$ 表示一个

图，其中，V 表示节点的集合，每个节点对应表示一个数据样本；E 表示边的集合；$W = [w_{ij}]_{N \times N}$ 表示权值矩阵（本书中也称之为图矩阵或亲和矩阵）。节点（x_1，x_2）的权值通过 w_{ij} 来衡量节点 x_1 和节点 x_2 之间的相似性。权值矩阵如图 3 – 5 所示。

$$
\begin{pmatrix}
0 & 0.3 & 0.6 & 0 & 0 & 0 & 0 \\
0.3 & 0 & 0 & 0 & 0.6 & 0.7 & 0 \\
0.6 & 0 & 0 & 0.4 & 0 & 0 & 0 \\
0 & 0 & 0.4 & 0 & 0 & 0.5 & 0 \\
0 & 0.6 & 0 & 0 & 0 & 0 & 0.2 \\
0 & 0.7 & 0 & 0.5 & 0 & 0 & 0 \\
0 & 0 & 0 & 0 & 0.2 & 0 & 0
\end{pmatrix}
$$

图 3 – 5　权值矩阵

由顶点的度组成的对角矩阵称为度矩阵，表示为 $D = \mathrm{diag}\{d_{11}, d_{22}, \cdots, d_{NN}\}$，图 3 – 6 是图 3 – 4 的度矩阵，其定义如下：

$$
d_{ii} = \sum_{j \neq i} w_{ij} \tag{3 – 4}
$$

$$
\begin{pmatrix}
2 & 0 & 0 & 0 & 0 & 0 & 0 \\
0 & 3 & 0 & 0 & 0 & 0 & 0 \\
0 & 0 & 2 & 0 & 0 & 0 & 0 \\
0 & 0 & 0 & 2 & 0 & 0 & 0 \\
0 & 0 & 0 & 0 & 2 & 0 & 0 \\
0 & 0 & 0 & 0 & 0 & 2 & 0 \\
0 & 0 & 0 & 0 & 0 & 0 & 1
\end{pmatrix}
$$

图 3 – 6　度矩阵

3.2.5 传统图构造方法

k-近邻图和 ε 邻域图是两种最经典的图构造方法。

k-近邻图：如果样本 x_j 属于样本 x_i 的 k 邻域或样本 x_i 属于样本 x_j 的 k 邻域，则样本 x_j 和 x_i 之间有边相连。k 为用来控制邻域个数的参数。图 3-7 给出了当 $k=2$ 时的 k-近邻图示例。

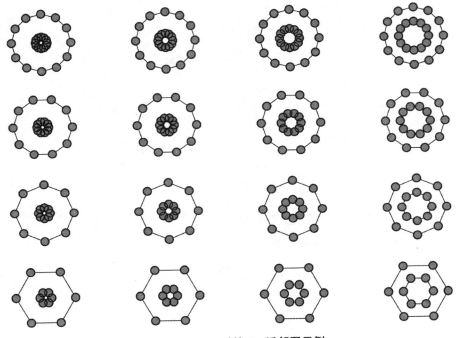

图 3-7 $k=2$ 时的 k-近邻图示例

ε 邻域图：如果样本 x_i 和 x_j 之间的距离 $d(x_i, x_j) \leqslant \varepsilon$，则样本 x_i 和 x_j 之间有边相连。ε 为用来控制邻域半径的参数。

在边确定后通过衡量边上的权值来确定相似度。相似度的确定由式（3-5）给出。对应的相似度度量，$\text{sim}(x_i, x_j)$ 存在多种选择，可以简单地设置为 1，也可以设置为高斯函数度量 $\text{sim}(x_i, x_j) = e^{-\|x_i - x_j\|/\sigma^2}$，其中 σ 是一个平衡参数。

$$w_{ij} = \begin{cases} \text{sim}(x_i, x_j), & j \in \Omega_i \text{ 或 } i \in \Omega_j \\ 0, & \text{其他} \end{cases} \qquad (3-5)$$

式中，Ω_i 为 x_i 的 k 个近邻节点所组成的集合。

许多已有的研究表明参数 ε 的选择对结果会有很大影响。图 3-8 展示了一个合成数据集以及分别在其上构造 ε 邻域图和 k-近邻图的结果。从图 3-8 中可以看到参数 ε 的选择对 ε 邻域图会有很大的影响，会使得部分数据无法与其他任何节点相连接。

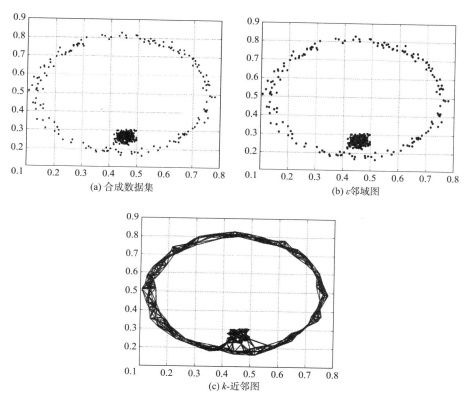

(a) 合成数据集

(b) ε 邻域图

(c) k-近邻图

图 3-8　合成数据集上的 ε 邻域图和 k-近邻图

3.2.6　基于局部线性嵌入的图构造

局部线性嵌入（Locally Linear Embeding，LLE）是一种经典的子空间学习算法。LLE 方法在投影空间中保持了输入样本之间的邻域关系。在原始空间中，每个样本由其邻域集线性表示，通过最小化重构误差来确定局部线性结构，并且在投影空间中保持这种局部的结构。LLE 方法中通过最小化局部重构误差得到每个样本的邻域表示系数向量，这些系数向量反映了样本之间的相似性。于是文献 [215] 利用类似 LLE 方法求得邻域表示系数，并将此系数作为样本对之间的相似度衡量，以此来构造图的权值矩阵。

对于任一原始数据样本 x_i，可以通过式(3-6)优化问题得到其邻域样本集对其的表示系数。

$$\min \sum_{i=1}^{n} \| x_i - \sum_{j \in \Omega_i} w_{ij} x_j \|^2$$

$$\text{s. t.} \sum_{i=1}^{n} w_{ij} = 1$$

(3-6)

式中，Ω_i 为 x_i 的 k 个近邻节点所组成的集合。

3.3 图半监督学习方法

图可以探测不规则大数据之间隐藏的关联性，可以嵌入监督学习、半监督学习、无监督学习、迁移学习和强化学习。基于图的学习算法运用在数据驱动的图上，基于图的半监督学习算法(Graph-based Semi-supervised Learning, GSL)是其中一个重要的组成部分。与其他半监督学习相比，基于图的半监督学习具有以下优点：

1)在许多应用中，基于图的半监督学习算法的性能要优于其他半监督学习算法。

2)大多数基于图的半监督学习算法的目标函数是凸函数，保证了收敛性，便于解决大规模问题。

3)大多数基于图的半监督学习算法的目标函数的优化求解，可以通过图上的消息传递来实现。算法的每一次迭代，都会对图上的结点做一系列更新。结点值的每次更新都是基于结点的当前值以及其邻接点的当前值。

4)大多数基于图的半监督学习算法，可以很容易地并行实现，这对于大规模问题的求解能提高效率。在一个图中，每个数据样本由带权图中的一个顶点来表示，边权值表示顶点之间的相似性度量。

基于图的学习算法解决半监督学习问题主要包括以下两步：

1)在输入数据上构造图。

2)在构造的图上运用合适的学习算法推断图中的未标记样本。

　　图半监督学习最早的研究工作是由 B M Shahshahani 等展开的。图上的半监督学习实质上是通过聚类假设、流形假设探测未标记样本和标记样本之间潜在的不规则联系。图半监督学习方法的流程图如图 3-9 所示，理想的分类结果如图 3-10 所示。

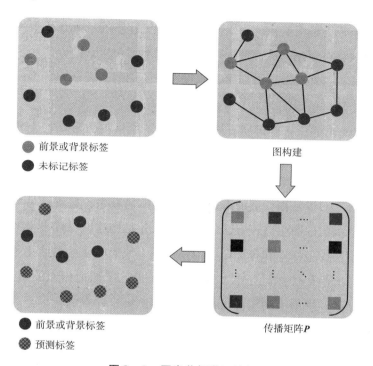

图 3-9　图半监督学习过程

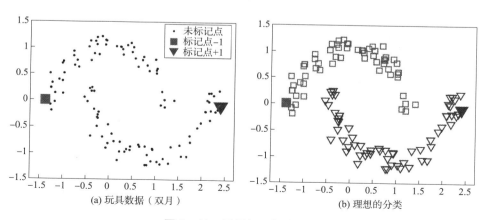

图 3-10　双月与理想的分类

3.3.1 图半监督学习假设

定义 1 聚类假设：若样本属于同一个聚类则其标记应尽量相同。

在聚类假设下，分类超平面不应从样本点分布密度较大的区域中穿过，而应落在样本分布较为稀疏的空间中。此时，未标记样本的意义在于揭示了数据空间中样本密度的分布情况，从而使通过已标记样本学习得到的分类超平面能够尽量避免稠密区域，落在稀疏区域。聚类假设符合人们的直观认识，很多图半监督学习方法是基于聚类假设的。

定义 2 流形假设：假设所有样本均处于低维度的流形结构上，当样本点的流形相近时，其所属的类别相似或相同。

根据流形假设，处于一个很小的局部邻域内的样本具有相似的性质。图半监督学习采用流形假设是很自然的事情。在现有的研究中，科研人员提出了基于高斯随机场与谐函数的图半监督方法。这种方法先是构建训练样本上的图，用图上的顶点来表示已标记样本和未标记样本，再基于流形假设给出优化函数并求解得到未标记样本上的最佳标记分布。科研人员还提出了标记传递的图半监督方法，同样是先构建训练样本上的图，再在图上传播已标记样本的标记至收敛状态，此时的标记分布为最佳分布。大多数情况下，流形假设和聚类假设并不矛盾，因为聚类假设中的样本密度较高，流形假设得到的决策函数在样本分布密度高的聚类中的输出值也很相近。但是，流形假设相对聚类假设更为宽泛，因为流形假设要求近邻样本在输出空间上也相近，聚类假设则要求输出不同的标记。因此，流形假设对于拟合问题仍适用。

3.3.2 高斯随机场

给定一个数据集，其中，标记样本表示为 $D_l = \{(x_1, y_1), (x_2, y_2), \cdots, (x_l, y_l)\}$；未标记样本表示为 $D_u = \{(x_{l+1}, y_{l+1}), (x_{l+2}, y_{l+2}), \cdots, (x_{l+u}, y_{l+u})\}$，$l \ll u$，$l + u = N$。基于 $D_u \cup D_l$ 构建图 $G = (V, E; W)$，V 是顶点集，E 是任意两个顶点之间的边集，可以用权值矩阵 $W = [w_{ij}]_{N \times N}$ 表示，元素 w_{ij} 常基于高斯函数定义为

$$w_{ij} = \begin{cases} \mathrm{e}^{-\frac{\|x_i - x_j\|}{2\sigma^2}}, & i \neq j \\ 0, & \text{其他} \end{cases} \tag{3-7}$$

式中，σ 为控制权重值的静态参数。

假定由图 $\boldsymbol{G} = (\boldsymbol{V}, \boldsymbol{E}; \boldsymbol{W})$ 将学得一个实值函数 $f: \boldsymbol{V} \to \mathbb{R}$，其对应的分类规则为：$y_i = \text{sign}[f(x_i)]$，$y_i \in \{-1, 1\}$。事实上，相似的样本应具有相似的标记，于是可以将关于 $\boldsymbol{f}$ 的"能量函数（Energy Function）"定义为

$$
\begin{aligned}
E(\boldsymbol{f}) &= \frac{1}{2} \sum_{j=1}^{N} \sum_{i=1}^{N} w_{ij} [f(x_i) - f(x_j)]^2 = \\
&\frac{1}{2} \left[\sum_{i=1}^{N} d_i f^2(x_i) + \sum_{j=1}^{N} d_j f^2(x_j) - \sum_{j=1}^{N} \sum_{i=1}^{N} w_{ij} f(x_i) f(x_j) \right] = \\
&\sum_{i=1}^{N} d_i f^2(x_i) - \sum_{j=1}^{N} \sum_{i=1}^{N} w_{ij} f(x_i) f(x_j) = \\
&\boldsymbol{f}^{\mathrm{T}} (\boldsymbol{D} - \boldsymbol{W}) \boldsymbol{f}
\end{aligned}
\tag{3-8}
$$

式中，$\boldsymbol{f} = [\boldsymbol{f}_l^{\mathrm{T}} \boldsymbol{f}_u^{\mathrm{T}}]$，$\boldsymbol{f}_l = [f(x_1), f(x_2), \cdots, f(x_l)]$，$\boldsymbol{f}_u = [f(x_{l+1}), f(x_{l+2}), \cdots, f(x_{l+u})]$，分别为标记样本和未标记样本上的预测结果；$\boldsymbol{D} = \text{diag}\{d_{11}, d_{22}, \cdots, d_{NN}\}$ 为 $\boldsymbol{W}$ 的度矩阵，d_{ii} 为矩阵 $\boldsymbol{W}$ 的第 i 行元素之和

$$d_{ii} = \sum_j w_{ij} \tag{3-9}$$

最小能量函数 f 在有标记的样本上满足

$$f(x_i) = y_i \tag{3-10}$$

在未标记的样本上满足

$$\Delta f = 0 \tag{3-11}$$

式中，Δ 为拉普拉斯矩阵，$\Delta = \boldsymbol{D} - \boldsymbol{W}$。

以第 l 行与第 l 列为界，采用分块矩阵的方式可表示为

$$\boldsymbol{W} = \begin{bmatrix} \boldsymbol{W}_{ll} & \boldsymbol{W}_{lu} \\ \boldsymbol{W}_{ul} & \boldsymbol{W}_{uu} \end{bmatrix} \tag{3-12}$$

$$\boldsymbol{D} = \begin{bmatrix} \boldsymbol{D}_{ll} & \boldsymbol{D}_{lu} \\ \boldsymbol{D}_{ul} & \boldsymbol{D}_{uu} \end{bmatrix} \tag{3-13}$$

则式（3 - 8）可重写为

$$E(f) = \begin{bmatrix} f_l^{\mathrm{T}} & f_u^{\mathrm{T}} \end{bmatrix} \left(\begin{bmatrix} D_{ll} & D_{lu} \\ D_{ul} & D_{uu} \end{bmatrix} - \begin{bmatrix} W_{ll} & W_{lu} \\ W_{ul} & W_{uu} \end{bmatrix} \right) \begin{bmatrix} f_l \\ f_u \end{bmatrix} = \tag{3 - 14}$$

$$f_l^{\mathrm{T}}(D_{ll} - W_{ll})f_l - 2f_u^{\mathrm{T}} W_{ul} f_l + f_u^{\mathrm{T}}(D_{uu} - W_{uu})f_u$$

由 $\dfrac{\partial E(f)}{\partial f_u} = 0$，可得

$$f_u = (D_{uu} - W_{uu})^{-1} W_{ul} f \tag{3 - 15}$$

令

$$P = D^{-1} W = \begin{bmatrix} D_{ll}^{-1} & 0_{lu} \\ 0_{ul} & D_{uu}^{-1} \end{bmatrix} \begin{bmatrix} W_{ll} & W_{lu} \\ W_{ul} & W_{uu} \end{bmatrix} = \tag{3 - 16}$$

$$\begin{bmatrix} D_{ll}^{-1} W_{ll} & D_{ll}^{-1} W_{lu} \\ D_{uu}^{-1} W_{ul} & D_{uu}^{-1} W_{uu} \end{bmatrix}$$

可得到

$$\begin{cases} P_{uu} = D_{uu}^{-1} W_{uu} \\ P_{ul} = D_{uu}^{-1} W_{ul} \end{cases} \tag{3 - 17}$$

则式（3 - 15）可重写为

$$f_u = [D_{uu}(I - D_{uu}^{-1} W_{uu})]^{-1} W_{ul} f_l =$$

$$(I - D_{uu}^{-1} W_{uu})^{-1} D_{uu}^{-1} W_{ul} f_l = \tag{3 - 18}$$

$$(I - P_{uu})^{-1} P_{ul} f_l$$

于是，以 D_l 上的标记信息作为 $f_l = (y_1, y_2, \cdots, y_l)$，可通过式（3 - 18）求得 f_u，对未标记样本进行预测。

3.3.3 流形排序

基于图的流形排序方法是针对图的分类函数 f 进行求解的，需要满足 2 个条件：①给定标记样本，对未标记样本的分类不能偏离标记样本的分类值；②在图上具备光滑性，即相近样本的分类值尽量相等。2004 年，Zhou 等第一次提出了局部和全局一致性（Local and Global Consistency，LGC）的流形排序（图 3 - 11）。给出一个数据集 $X = \{x_1, x_2, \cdots, x_l, x_{l+1}, \cdots, x_N\}$，其中，$N$ 表示数据点的总

数；$\{x_1,\ x_2,\ \cdots,\ x_l\}$ 表示被标记的数据点；$\{x_{l+1},\ \cdots,\ x_N\}$ 表示未标记且需要赋予排序值才能进行归类的数据点。采用数据集点建立无向图 $\boldsymbol{G}=(\boldsymbol{V},\ \boldsymbol{E})$，其中，$\boldsymbol{V}$ 是顶点集，$\boldsymbol{E}$ 是任意两个顶点之间的边集，即亲和图矩阵（Affinity Matrix）$\boldsymbol{W}=[w_{ij}]_{N\times N}$。基于高斯函数，边 w_{ij} 被定义为

$$w_{ij}=\begin{cases}\mathrm{e}^{-\frac{\|x_i-x_j\|}{2\sigma^2}},\ i\neq j\\0,\ 其他\end{cases}\qquad(3-19)$$

式中，σ 为控制权重值的静态参数。

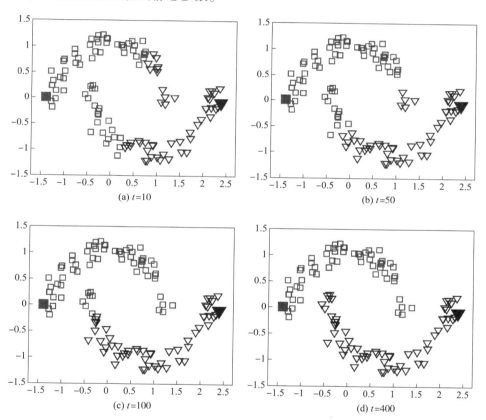

图 3-11　基于 LGC 的双月分类示意图

基于 $\boldsymbol{W}=[w_{ij}]_{N\times N}$ 构建扩散矩阵 $\boldsymbol{S}=\boldsymbol{D}^{-1/2}\boldsymbol{W}\boldsymbol{D}^{-1/2}$，其中 $\boldsymbol{D}=\mathrm{diag}\{d_{11},\ d_{22},\ \cdots,\ d_{NN}\}$ 是 $\boldsymbol{W}$ 的度矩阵，d_{ii} 的定义为：$d_{ii}=\sum\limits_{j}w_{ij}$。由此可知，迭代图扩散式为

$$\boldsymbol{f}(t+1)=\alpha\boldsymbol{S}\boldsymbol{f}(t)+(1-\alpha)\boldsymbol{y}\qquad(3-20)$$

式中，α 为静态参数，$\alpha\in(0,\ 1)$；$\boldsymbol{y}=[y_1,\ y_2,\ \cdots,\ y_N]^{\mathrm{T}}$ 为数据集 $\boldsymbol{X}$ 的初始排

序值，即 $f(0) = y$；$\boldsymbol{f} = [f_1, f_2, \cdots, f_N]^\mathrm{T}$ 为扩散后的排序值。

式(3-20)经过 t 次迭代后，有

$$f(t) = (\alpha\boldsymbol{S})^{(t-1)}\boldsymbol{y} + (1-\alpha)\sum_{iter=0}^{t-1}(\alpha\boldsymbol{S})^{iter}\boldsymbol{y} \qquad (3-21)$$

亲和图矩阵 $\boldsymbol{W}$ 归一化处理后转化为 $\boldsymbol{P} = \boldsymbol{D}^{-1}\boldsymbol{W} = \boldsymbol{D}^{-1/2}\boldsymbol{S}\boldsymbol{D}^{1/2}$。由此可知，$\boldsymbol{S}$ 和 $\boldsymbol{P}$ 是相似的，$\boldsymbol{S}$ 的特征值范围为 $[-1, 1]$，又因为 $\alpha \in (0, 1)$，所以迭代至收敛可得

$$\lim_{t\to\infty}(\alpha\boldsymbol{S})^{(t-1)} = 0, \lim_{t\to\infty}\sum_{iter=0}^{t-1}(\alpha\boldsymbol{S})^{iter} = (\boldsymbol{I}-\alpha\boldsymbol{S})^{-1} \qquad (3-22)$$

因此有

$$f^* = \lim_{t\to\infty}f(t) = (1-\alpha)(\boldsymbol{I}-\alpha\boldsymbol{S})^{-1}\boldsymbol{y} \qquad (3-23)$$

为了满足流形排序的两个条件，Zhou 等给出了上述迭代算法的正则化框架，其目标函数为

$$\Gamma(\boldsymbol{f}) = \frac{1}{2}\left(\underbrace{\sum_{i,j=1}^{N}w_{ij}\left\|\frac{f_i}{\sqrt{d_{ii}}} - \frac{f_j}{\sqrt{d_{jj}}}\right\|^2}_{\text{第一项}} + \mu\underbrace{\sum_{i=1}^{N}\left\|f_i - y_i\right\|^2}_{\text{第二项}}\right) \qquad (3-24)$$

式中，第一项为正则项(平滑约束)，即驱使相近样本具有相似排序值；第二项为损失函数(拟合约束)，样本的排序值不偏离真实标记值；μ 为平衡控制参数，即控制第一项(平滑约束)和第二项的参数。这里正则项可表示为

$$\sum_{i,j=1}^{N}w_{ij}\left\|\frac{f_i}{\sqrt{d_{ii}}} - \frac{f_j}{\sqrt{d_{jj}}}\right\|^2 = \boldsymbol{f}^\mathrm{T}\boldsymbol{D}^{-1/2}\boldsymbol{\Delta}\boldsymbol{D}^{-1/2}\boldsymbol{f} \qquad (3-25)$$

式中，$\boldsymbol{D}^{-1/2}\boldsymbol{\Delta}\boldsymbol{D}^{-1/2} = \boldsymbol{I} - \boldsymbol{D}^{-1/2}\boldsymbol{W}\boldsymbol{D}^{-1/2} = \boldsymbol{I} - \boldsymbol{S}$。

于是，目标函数(3-24)的矩阵化表示形式为

$$\Gamma(\boldsymbol{f}) = \frac{1}{2}\boldsymbol{f}^\mathrm{T}(\boldsymbol{I}-\boldsymbol{S})\boldsymbol{f} + \frac{\mu}{2}\|\boldsymbol{f}-\boldsymbol{y}\|^2 \qquad (3-26)$$

通过最小化问题获得 $\Gamma(\boldsymbol{f})$ 的求解函数，即

$$f^* = \arg\min_{f}\Gamma(\boldsymbol{f}) \qquad (3-27)$$

下面对式(3-26)关于 $\boldsymbol{f}$ 求偏导，可得

$$\left.\frac{\partial\Gamma(\boldsymbol{f})}{\partial\boldsymbol{f}}\right|_f = f^* - \boldsymbol{S}f^* + \mu(f^*-\boldsymbol{y}) = 0 \qquad (3-28)$$

式(3-28)可变换为

$$f^* - \frac{1}{1+\mu}Sf^* - \frac{\mu}{1+\mu}y = 0 \qquad (3-29)$$

式中，$\alpha = 1/(1+\mu)$，$\beta = \mu/(1+\mu)$。

由于 $\alpha + \beta = 1$，因此式(3-27)可变换为

$$(\mathbf{I} - \alpha S)f^* = \beta y \qquad (3-30)$$

则 f^* 的闭式解为

$$f^* = (\mathbf{I} - \alpha S)^{-1}y \qquad (3-31)$$

3.4 基于图的视觉显著性目标检测方法

本章介绍的主流基于图的视觉显著性目标检测方法包括基于梯度下降的超像素分割算法、基于背景先验的流形排序方法、基于前景紧凑性的显著性计算方法和基于元胞自动机的显著性优化方法。

3.4.1 基于梯度下降的超像素分割算法

基于梯度下降的超像素分割算法(Simple Linear Iterative Clustering，SLIC)是 Achanta 等于 2010 年提出的。SLIC 算法因其具有速度快、计算简单且分割得到的超像素大小比例比较均匀等优点，被视觉显著性目标检测研究广泛使用。算法的基本思想主要采用的是聚类思想，通过梯度法迭代对聚类结果进行修正，直到达到收敛，最终分割得到超像素。SLIC 算法是在由 CIElab 颜色空间中的颜色特征 Lab 和空间坐标 XY 所构成的五维特征空间中，利用 K-means 算法对特征向量进行聚类从而实现超像素分割的。整个计算过程：设定图像的像素点的总数量为 n，拟生成的超像素的个数为 N，那么每个超像素中的总像素数近似等于 n/N；相邻超像素之间的距离 $S = \sqrt{\dfrac{n}{N}}$ 且每个超像素的面积为 S^2。为了提高算法的效率，只在每个聚类中心的 $2S \cdot 2S$ 区域内遍历相似的像素点，而不是对整个图像进行遍历。利用像素点与邻近节点之间的相似性实现像素之间的聚类，其相似性度量的计算公式如下：

$$d_{\text{lab}} = \sqrt{(L_m - L_n)^2 + (A_m - A_n)^2 + (B_m - B_n)^2} \qquad (3-32)$$

$$d_{xy} = \sqrt{(x_m - x_n)^2 + (y_m - y_n)^2} \qquad (3-33)$$

$$D_{mn} = d_{\text{lab}} + \frac{b}{S}d_{xy} \qquad (3-34)$$

式中，d_{lab} 为两个像素在颜色空间上的差异；L_m、A_m、B_m 为像素 m 在 CIElab 颜色空间中的三个通道分量；d_{xy} 为两个像素之间的空间距离；b 为用来平衡颜色特征和空间位置特征在相似性度量中的比重；D_{mn} 为两个像素之间的相似性。

图 3-12 展示了两类算法在不同尺度下的分割案例，第一行为基于图论方法的分割效果，第二行为基于 SLIC 算法的分割效果。

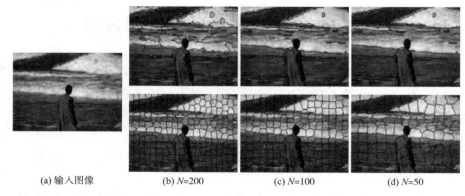

(a) 输入图像　　　　(b) $N=200$　　　　(c) $N=100$　　　　(d) $N=50$

图 3-12　不同尺度下超像素分割示意图

3.4.2　基于背景先验的流形排序方法

图像的显著性目标检测实质上可以视为图像的一个二类分割问题。根据图像的背景先验假设，即以位于边界的像素块为背景区域，Yang 等建立了两层图，并利用流形排序机制计算图像的显著信息（GMR），如图 3-13 所示。将原图像构造为一个有 N 个顶点的图 $\boldsymbol{G} = (\boldsymbol{V}, \boldsymbol{E})$（图 3-14），采用 SLIC 方法将图像分割为 N 个超像素块，即 $\boldsymbol{P} = \{p_1, p_2, \cdots, p_N\}$，并提取了图像的 CIElab 颜色特征 $\boldsymbol{X} = \{x_1, x_2, \cdots, x_N\}$。根据特征矩阵构造图的相似度矩阵，即图矩阵 $\boldsymbol{W} = [w_{ij}]_{N \times N}$，其中，相邻顶点之间的相似值 w_{ij} 为

$$w_{ij} = \begin{cases} \mathrm{e}^{-\frac{\|x_i - x_j\|}{2\sigma^2}}, & j \in \Omega_i \\ 0, & \text{其他} \end{cases} \qquad (3-35)$$

式中，$-\parallel x_i - x_j \parallel$ 为超像素点 p_i 和 p_j 在 CIElab 空间中的欧氏距离；Ω_i 为超像素点 p_i 的邻域集。

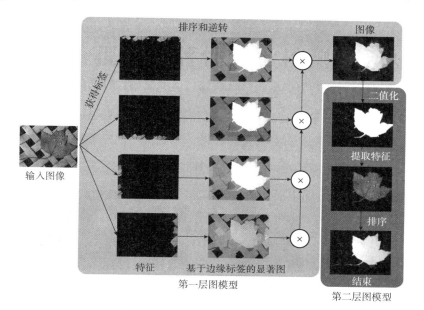

图 3-13 GMR 算法流程图

图 3-14 图像的无向图示例

基于式(3-35)，采用非标准化的拉普拉斯矩阵得到新的排序函数，如式(3-36)所示，并根据经验设置 $\alpha = 0.99$。

$$f^* = (D - \alpha W)^{-1} y \qquad (3-36)$$

Yang 等采用式(3-31)和式(3-36)分别进行显著值计算，结果表明式(3-36)生成的显著图明显优于式(3-31)。因此，式(3-36)成为 GMR 计算显著值的流形排序函数。

第一层图的扩散过程是根据背景先验假设，选择位于图像上、下、左、右 4 个边界的超像素块作为背景种子，即 $y \in \{y_t, y_d, y_l, y_r\}$。如果 p_i 位于图像边界，则排序值 $y_i = 1$；否则，排序值 $y_i = 0$。通过式（3-36），分别对 4 个种子向量进行扩散处理，生成的显著性结果分别为 f_t、f_l、f_r 和 f_d。则第一层图输出的显著图为

$$S_1 = 1 - f_t \cdot f_d \cdot f_r \cdot f_l \qquad (3-37)$$

第二层图的扩散过程是通过均值分割对初始显著图 S_1 进行二值化，从而获得显著种子 S_f，并通过式（3-36）进行扩散，得到最终的显著图如图 3-15 所示。

$$S = (D - \alpha W)^{-1} S_f \qquad (3-38)$$

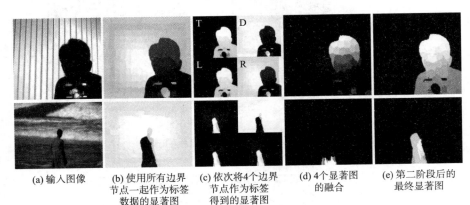

| (a) 输入图像 | (b) 使用所有边界节点一起作为标签数据的显著图 | (c) 依次将4个边界节点作为标签得到的显著图 | (d) 4个显著图的融合 | (e) 第二阶段后的最终显著图 |

图 3-15 显著物体出现在图像边界的示例

3.4.3 基于前景紧凑性的显著性计算方法

Li 等根据显著性目标的空间分布特点，提出了基于图扩散的前景紧凑性计算方法（Diffusion-based Compectness，DC）。一般情况下，显著区域在空间上分布紧凑，靠近图像中心位置；反之，背景区域以围绕显著区域的特点散布在整个图像上，具有强连通性。针对前景区域的空间紧凑性特点，DC 方法采用流形排序机制对全局相似矩阵进行扩散处理，既能进一步增强显著区域内的相似值，又能扩大显著区域和背景区域之间的差异值。定义全局相似矩阵 $A = [a_{ij}]_{N \times N}$，其中矩阵元素 a_{ij} 为

$$a_{ij} = \mathrm{e}^{-\frac{\|x_i - x_j\|}{2\sigma^2}} \qquad (3-39)$$

通过流形排序机制在图 $\boldsymbol{G}$ 上对全局相似矩阵 $\boldsymbol{A}$ 进行扩散排序，得到扩散后的相似矩阵 $\boldsymbol{H} = [h_{ij}]_{N \times N}$：

$$\boldsymbol{H}^{\mathrm{T}} = (\boldsymbol{D} - \alpha \boldsymbol{W})^{-1} \boldsymbol{A} \qquad (3-40)$$

式中，$\boldsymbol{H}^{\mathrm{T}}$ 为 $\boldsymbol{H}$ 的转置矩阵。

基于图像前景和背景在空间上的分布特点，可以通过计算每个超像素点 p_i 的空间偏差估计图像的显著值 $\boldsymbol{sv} = [sv(1), sv(2), \cdots, sv(N)]^{\mathrm{T}}$，其中，$sv(i)$ 的计算公式为

$$sv(i) = \frac{\sum_{j=1}^{N} h_{ij} \cdot n_j \cdot \| b_j - o_i \|}{\sum_{j=1}^{N} h_{ij} \cdot n_j} \qquad (3-41)$$

式中，n_j 为超像素点 p_j 中包含的像素点的总数目；$b_j = [b_j^x, b_j^y]$ 为超像素点 p_j 的重心坐标；$o_j = [o_j^x, o_j^y]$ 为空间平均坐标。

o_j 的计算公式为

$$o_j^x = \frac{\sum_{j=1}^{N} h_{ij} \cdot n_j \cdot b_j^x}{\sum_{j=1}^{N} h_{ij} \cdot n_j}, o_j^y = \frac{\sum_{j=1}^{N} h_{ij} \cdot n_j \cdot b_j^y}{\sum_{j=1}^{N} h_{ij} \cdot n_j} \qquad (3-42)$$

心理物理学研究表明，人们在观察某一场景时，会无意识地将视觉焦点集中在场景中央。所以，摄影者在拍摄图像时，会将目标区域或者感兴趣的区域置放在图像的中央，即中心先验。受此现象启发，DC 方法进一步计算了超像素点到图像中心像素点的空间距离，度量图像的紧凑性显著值 $\boldsymbol{sd} = [sd(1), sd(2), \cdots, sd(N)]^{\mathrm{T}}$，其中，$sd(i)$ 的计算公式为

$$sd(i) = \frac{\sum_{j=1}^{N} h_{ij} \cdot n_j \cdot \| b_j - p \|}{\sum_{j=1}^{N} h_{ij} \cdot n_j} \qquad (3-43)$$

式中，$p = [p_x, p_y]$ 为图像中心的坐标位置。将空间偏差值与中心偏差值相结合，得到每个超像素点的显著值为

$$S_{\mathrm{com}} = 1 - \mathrm{norm}(\boldsymbol{sv} + \boldsymbol{sd}) \qquad (3-44)$$

式中，$\mathrm{norm}(\cdot)$ 表示对矩阵或向量"$\cdot$"进行归一化处理。

由图 3-16 可知，当背景区域与边界相连接，背景区域与前景区域在颜色上

相似时，GMR 得到的显著区域准确度较低。前景紧凑性计算方法在一定程度上可以避免上述背景先验中存在的问题，得到的显著区域准确度较高，但是显著区域的显著值均质性差。

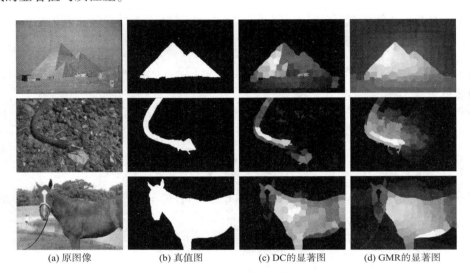

(a) 原图像　　　(b) 真值图　　　(c) DC的显著图　　　(d) GMR的显著图

图 3-16　GMR 和 DC 的显著性检测示例图

3.4.4　元胞自动机的显著性优化方法

为了对显著图构建鲁棒性较强的显著性优化方法，Qin 等根据元胞自动机的同步更新机制原理提出了一种新的优化方法，用于提升显著图的准确度。单层元胞自动机中的元胞是超像素点，每一个超像素点的显著性值表示元胞当前的状态。类似于图，每个元胞都需分配 z - 层相邻元胞集 ($z=2$)，即是由以一个元胞为中央元胞的最近两层元胞组成。影响元胞自动机的首要因素是影响因子矩阵 $\boldsymbol{F}=\left[f_{ij}\right]_{N\times N}$，它是由每个元胞和它的相邻元胞集之间的相似性值构成，其影响因子为

$$f_{ij}=\begin{cases} \mathrm{e}^{-\frac{\|c_i-c_j\|}{2\sigma_f^2}}, & j\in\Omega_i \\ 0, & 其他 \end{cases} \qquad (3-45)$$

式中，$-\|c_i-c_j\|$ 为 CIElab 颜色空间中超像素点 p_i 和 p_j 之间的欧式距离；σ_f^2 为相似度平衡控制参数，设置 $\sigma_f^2=0.1$；Ω_i 表示超像素点 p_i 的邻域集。这里的影

响因子矩阵就类似于图矩阵，它的度矩阵则为 $\boldsymbol{D} = \mathrm{diag}\{d_{11}, d_{22}, \cdots, d_{NN}\}$，元素 $d_{ii} = \sum_j f_{ij}$，所以影响因子矩阵的归一化处理为

$$\boldsymbol{F}^* = \boldsymbol{D}^{-1} \cdot \boldsymbol{F} \tag{3-46}$$

元胞自动机中每个元胞下一次的更新状态由该元胞和其相邻元胞集的当前状态共同决定。当元胞与其相邻元胞的差异较大时，它下一次的更新状态主要由其当前的状态决定；当元胞与其相邻元胞非常相似时，可能导致它被局部环境同化。为了平衡这两方面的因素，保证所有元胞更新到稳定状态，Qin 等建立了置信度矩阵 $\boldsymbol{C} = \mathrm{diag}\{c_1, c_2, \cdots, c_N\}$，其中，$c_i$ 的计算公式为

$$c_i = \frac{1}{\max(f_{ij})} \tag{3-47}$$

为了控制 $c_i \in [b, a+b]$，将新置信度矩阵 $\boldsymbol{C}^* = \mathrm{diag}\{c_1^*, c_2^*, \cdots, c_N^*\}$ 中的 c_i^* 表示为

$$c_i^* = a \cdot \frac{c_j - \min(c_j)}{\max(c_j) - \min(c_j)} + b \tag{3-48}$$

式中，$j = 1, 2, \cdots, N$；设置 $a = 0.6$，$b = 0.2$。

基于影响因子矩阵和置信度矩阵，元胞自动机的同步更新机制建立为

$$\boldsymbol{S}^{t+1} = \boldsymbol{C}^* \cdot \boldsymbol{S}^t + (\boldsymbol{I} - \boldsymbol{C}^*) \cdot \boldsymbol{F}^* \cdot \boldsymbol{S}^t \tag{3-49}$$

式中，$\boldsymbol{I}$ 为 N 阶单位矩阵，初始状态下，即当 $t=0$ 时，$\boldsymbol{S}^0$ 则是待优化的显著图。

3.5　本章小结

本章依次介绍了图的概念和传统几种经典的图构造方法、图半监督学习原理、图半监督学习假设和图半监督学习方法以及典型的基于图的视觉显著性检测方法，为本书后文中的视觉显著性检测方法提供理论基础。

第4章　基于颜色描述子和高层先验的显著性目标检测

4.1　引言

本章主要研究基于图像低层特征 CIElab 颜色空间的无监督显著性检测模型。CIElab 颜色空间有利于表现显著性目标与周围背景的区分性。特别是在文献[129]中，提出了一种基于鲁棒性背景检测的显著性优化方法（RBD）。引入边界连通性度量，将图像的每个边界块划分为前景或背景，并在此基础上，提出了一个原则性的优化框架来整合包括背景测度在内的多种底层线索，以获得更加清晰、完整的显著图。然而，虽然 CIElab 颜色具有更好的感知均匀性，更接近人类的颜色感知，但它可能无法满足包含多种颜色区域且被复杂背景包围的情况。所以 RBD 仅通过 CIElab 颜色特征进行显著性目标检测，在一些复杂场景下无法揭示前景与背景的差异，如图 4 - 1 所示。

(a) RGB (b) QLRBPlab (c) CIElab

图 4 - 1　三种色彩空间的比较

针对上述问题，本章提出了一种基于颜色描述子和高层先验的显著性目标检测方法（CDHL）。该方法的原理：①提出一种新颖的彩色空间局部图像描述子（QLRBPlab），这是一种局部颜色描述符，弥补了仅使用 CIElab 颜色特征的不足；②利用这两种颜色特征分别构建两种基于边界的显著性目标检测算法，得到相应的显著性检测结果；③将中心先验和对象性先验分别融合到两个显著性结果中，并采用 L_2 范数选取最佳显著性结果。在此基础上，将中心先验、对象性先验、对比度先验、边界先验和紧凑性先验等指导知识有效地融入自底向上的显著性模型中，以提高检测结果的准确性。本章的主要贡献如下：

1）在全局颜色描述子 CIElab 颜色空间的基础上，提出了一种新的局部颜色描述子 QLRBPlab 颜色空间。

2）在鲁棒性背景检测的显著性优化的基础上，分别在 CIElab 颜色空间和 QLRBPlab 颜色空间中对显著图进行度量。

3）为了更好地选择最终的显著图，本章将通过计算每个显著图的 L2 范数来衡量相应的显著性质量。

4.2 CDHL 算法概述

本章提出的基于颜色描述子和高层先验的显著性目标检测方法，主体流程如图 4 - 2 所示。简要步骤：第一步，提取图像的 QLRBPlab；第二步，通过基于鲁棒性背景检测的显著性优化方法，分别在 QLRBPlab 和 CIElab 空间中计算显著图；第三步，结合显著性先验信息和 L_2 范数获得最终的显著图。

4.2.1 局部图像描述子

本节基于 L_0 梯度最小化对输入图像进行平滑，并利用四元数局部排序二进制模式（Quaternionic Local Ranking Binary Pattern，QLRBP）绘制局部颜色特征。

（1）图像平滑处理

图 4 - 2 中的输入图像，其图像结构对显著性检测至关重要，但纹理内部的微小变化可能会导致较差的显著性结果。采用本章方法可以捕获一个好的局部颜色空间，更清晰地表达前景和背景之间的特征差异。采用基于 L_0 梯度最小化的

图像平滑方法消除图像中的微小变化，抑制低振幅结构，即使物体的边界非常窄，也能够在保持全局结构的同时突出图像的显著区域边缘(图4-3)。

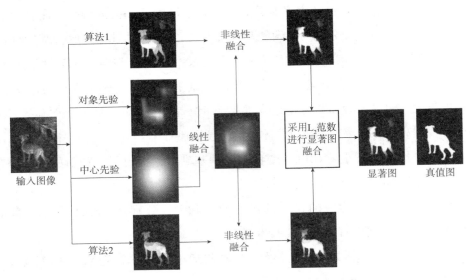

图4-2 CDHL算法流程图

(a)输入图像　　　　　(b)平滑后图像

图4-3 图像平滑处理示例图

（2）四元数局部排序二进制模式

四元数局部排序二进制模式是一种用于彩色图像的局部描述子，它可以有效揭示图像的立体特性和对不同细微变化的鲁棒性。QLRBP 算法可以在四元数域直接处理所有颜色通道，同时度量通道间的关系。QLRBP 以四元数表示的方式对彩色图像进行处理，用四元数编码彩色像素。

利用四元数的虚数部分对彩色图像像素进行表示

$$\dot{q} = iL + ja + kb \qquad (4-1)$$

式中，L、a 和 b 分别为 CIElab 颜色空间中一个像素的亮度、红到绿、黄到蓝的 3 个分量；i、j 和 k 为复数且满足 $i^2 = j^2 = k^2 = -1$。

四元数排序采用了 CTQ（Clifford Translation of Quaternion）算法，CTQ 是四元数的等距映射，以整体方法处理彩色图像。因此，CTQ 对 2 个四元数进行排序，且不改变四元数的模量。$CTQ(\dot{q}_m, \dot{q}_n)$ 的定义如下

$$\theta = \tan^{-1}\theta \frac{\sqrt{(ab' - ba') + (Lb' - bL') + (La' - ba')}}{-(LL' + aa' + bb')} \qquad (4-2)$$

式中，$(L, a, b)^{\mathrm{T}}$ 和 $(L', a', b')^{\mathrm{T}}$ 表示 CIElab 颜色空间中 2 个像素的颜色分量。

为了充分展示特定成分的重要性，加权 L_1 相位定义如下

$$\theta = \tan^{-1} \frac{\alpha_1 |ab' - ba'| + \alpha_2 |Lb' - bL'| + \alpha_3 |La' - ba'|}{-(LL' + aa' + bb')} \qquad (4-3)$$

上述定义中使用了 3 个加权系数（α_1、α_2 和 α_3），分别突出相应的颜色分量。此外，本书引入了四元数的第三个四元数。因此，给定一个参考四元数 $\dot{p}_1$，其秩函数可以表示为

$$R_{\mathrm{QLRBP}}(\dot{q}_m, \dot{q}_n) = \delta_{\mathrm{CTQ}}(\dot{q}_n, \dot{p}_1) - \delta_{\mathrm{CTQ}}(\dot{q}_m, \dot{p}_1) \qquad (4-4)$$

彩色图像有 3 个颜色通道，因此需要选择 3 个参考四元数。QLRBP 编码定义如下

$$\mathrm{QLRBP}_{\dot{q}_m} = \sum_{n=0}^{|S_m|-1} h \left[R_{\mathrm{QLRBP}}(\dot{q}_m, \dot{q}_n) \right] 2^n \qquad (4-5)$$

$$h(t) = \begin{cases} 1, & t \geqslant 0 \\ 0, & t < 0 \end{cases} \qquad (4-6)$$

式中，S_m 为一个 3×3 的块。

将新的局部颜色空间与 RGB 和 CIElab 两种传统颜色空间进行对比，结果如图 4-1 所示，QLRBPlab 表示局部颜色描述子。由图 4-1 可知，新的局部颜色空间更好地表达了前景和背景之间的特征差异。与传统的全局颜色空间相比，它能更清楚地突出显著性目标物体。

4.2.2　高层先验信息

RBD 算法中提出了一种边界连通性方法和一个原则性优化公式。边界连通性实现了背景区域的统一，避免了显著物体触碰到图像边界时前景区域被划分为背景区域。优化公式额外考虑了多个低水平线索，能够更好地均匀显著性目标，同时消除背景信息。此外，我们还通过整合其他显著性先验信息提升了显著性结果。

1. 基于背景的显著性检测

许多边界先验的先决条件是将图像边界像素块视为背景种子。然而，如果图像的某些边界像素块是前景的一部分，显著性检测结果就可能会失败。为了解决这个问题，RBD 算法估计了区域 R 属于背景的可能性。在边界连接度量中，输入图像通过 SLIC 算法分割为 N 个超像素，即 $\boldsymbol{P} = [p_1, p_2, \cdots, p_N]$。它以邻接超像素为考虑因素构建无向加权图。因此，边界连通性的计算公式为

$$BndCon = \frac{\mathrm{Len_{bnd}}(p_i)}{\sqrt{\mathrm{Area}(p_i)}} \tag{4-7}$$

式中，p_i 为位于图像边界的超像素；$\mathrm{Len_{bnd}}(p_i)$ 为沿着边界的长度；$\mathrm{Area}(p_i)$ 为 p_i 的面积。边界连通性对于图像变化具有鲁棒性，对于不同图像具有稳定性。

粗显著性度量是通过计算每个超像素相对于周围环境的区域对比度，并将其与空间距离和外观距离相结合。这里区域对比度的计算方法如下

$$\mathrm{Ctr}(p_i) = \sum_{j=1}^{N} d_{\mathrm{app}}(p_i, p_j) w_{\mathrm{spa}}(p_i, p_j) \tag{4-8}$$

$$w_{\mathrm{spa}}(p_i, p_j) = \mathrm{e}^{-\frac{d_{\mathrm{spa}}^2(p_i, p_j)}{2\sigma_{\mathrm{spa}}^2}} \tag{4-9}$$

式中，$d_{\mathrm{spa}}^2(p_i, p_j)$ 为 p_j 和 p_i 之间的距离。

关于计算区域 R 属于背景的概率，边界连通度测量得分越高，对应的背景概率越接近 1；当边界连通性较小时，它接近于 0。其定义如下

$$w_i^{\text{bg}} = 1 - \text{e}^{-\frac{BndCon2(p_i)}{2\sigma_{BndCon}^2}} \qquad (4-10)$$

因此，边界先验显著性的定义如下

$$Ctr(p_i) = \sum_{j=1}^{N} d_{\text{app}}(p_i, p_j) w_{\text{spa}}(p_i, p_j) w_i^{\text{bg}} \qquad (4-11)$$

此外，RBD 还提出了一种通过最小化成本函数来优化基于边界的显著图的优化方法。如果超像素属于前景，则该值为 1，否则，该值为 0。赋予第 p_i 个超像素的显著性值为 $\{s_i\}_{i=1}^{N}$，则惩罚函数为

$$\sum_{i=1}^{N} w_i^{\text{bg}} s_i^2 + \sum_{i=1}^{N} w_i^{\text{fg}}(s_i - 1)^2 + \sum_{i,j} w_{ij}(s_i - s_j)^2 \qquad (4-12)$$

式中，w_i^{bg} 和 w_i^{fg} 分别为背景和前景超像素的概率。

为了充分利用图像空间的全局和局部颜色特征的优势，在基于鲁棒性背景检测的优化模型下，本章引入了两种主要的显著性度量算法。

算法 1 初始显著性度量

①输入图像。

②分别计算局部和全局颜色特征。

③利用 SLIC 将两幅图像分别分割成 N 个超像素。

④根据公式(4-11)估计局部和全局颜色描述子的背景显著图。

⑤通过优化公式(4-12)来优化初始显著图，得到全局和局部 2 个显著图。

⑥对初始显著图进行线性整合，得到第一个显著图 $\boldsymbol{S}_1 = \boldsymbol{S}_{\text{global}} + \boldsymbol{S}_{\text{local}}$。

⑦输出显著图。

第一个显著性结果包含了全局和局部图像颜色特征的所有优点。然而，局部显著图或全局显著图可能会导致效果不佳，其中一个输出的是某些特定图像的弱显著图。由于算法 1 会削弱局部或全局结果的显著性，为了更好地利用全局或局部特征来保持有希望的显著性结果，提出了算法 2。

算法 2 初始显著性度量

①输入图像。

②分别计算局部和全局颜色特征。

③利用 SLIC 将两幅图像分别分割成 N 个超像素。

④根据公式(4-11)估计局部和全局颜色描述子的背景显著图。

⑤对初始显著图进行线性整合，得到第一个显著图 $S_2 = Sb_{\text{global}} + Sb_{\text{local}}$。

⑥输出显著图。

2. 对象性先验

对象性先验用于区分显著性目标窗口和背景窗口。Alexe 提出了一种对象性度量方法，该方法使用贝叶斯框架来结合多个图像线索，如多尺度显著性、颜色对比度、边缘密度和超像素跨越。对象性显著性值 $ob(s_i)$ 如下

$$S_o(s_i) = \frac{1}{N_{s_i}} \sum_{q \in s_i} ob(q) \tag{4-13}$$

式中，N_{s_i} 为区域 s_i 中的像素总数。

3. 中心先验

根据认知，人类看到一个场景时倾向于把注意力集中在中心区域。通常，显著性目标物体由相机拍摄，并始终位于图像的中心位置，该位置称为中心先验，使用高斯核函数进行建模，其定义如下

$$S_c = e^{-\left[\frac{(x_z - x_c)^2}{2\sigma_x^2} + \frac{(y_z - y_c)^2}{2\sigma_y^2}\right]} \tag{4-14}$$

式中，(x_c, y_c) 为图像中心位置的坐标；(x_z, y_z) 为像素 z 在图像中的坐标。

4. 显著性先验信息融合

为了进一步增强边界显著图，我们分别将另外两个高层先验显著图与边界先验显著图进行融合。传统的融合方法是通过哈达码积的方式将不同的显著性信息进行融合。为了避免不恰当的对象引导不正确的最终显著性结果，本章提出的具体融合公式如下

$$S_{u_1} = S_1 \circ (S_o + S_c) \tag{4-15}$$

$$S_{u_2} = S_2 \circ (S_o + S_c) \tag{4-16}$$

5. 显著图选择性融合

对于粗糙的显著图 S_1 和 S_2，直接采用哈达码积的方法进行融合，会导致融合显著图效果较差。算法 1 和算法 2 计算了 QLRBPlab 和 CIElab 颜色空间的显著性信息。随后，需要对最理想的显著图进行评估，计算每个显著图的 L_2 范数

$$\|A\|_2 = \sqrt{\lambda_{\max}(A^T A)} \tag{4-17}$$

根据 L_2 范数选择最佳显著图的方法如下

$$S_{\text{final}} = \begin{cases} S_{u_1}, & \|S_{u_1}\|_2 \geqslant \|S_{u_2}\|_2 \\ S_{u_2}, & \|S_{u_2}\|_2 \geqslant \|S_{u_1}\|_2 \end{cases} \qquad (4-18)$$

显著性结果的示例图如图 4-4 所示，表明了 L_2 范数的有效性。

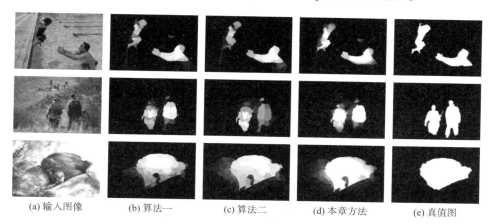

| (a) 输入图像 | (b) 算法一 | (c) 算法二 | (d) 本章方法 | (e) 真值图 |

图 4-4　本章方法的每个组成部分的显著图

4.3　实验和分析

本章在 3 个基准数据集 ECSSD、DUTOMRON 和 MSRA 上进行实验，并与 SMD、BSCA、RBD、GMR、GC 和 RC 等典型显著性模型进行对比。为了验证所提方法的有效性，实验使用了 5 个定量评估指标，包括 Precision、Recall、F - measure、AUC 和 MAE。

4.3.1　实现细节

在图像平滑阶段，图像平滑度为 0.015，纹理元素的最大尺寸为 3。在局部颜色描述子中，3 个参考四元数为 $i_1 = 0.9922i + 0.0857j + 0.0907k$；$j_1 = 0.0912i + 0.9908j + 0.0999k$；$k_1 = 0.0852i + 0.0855j + 0.9927k$。此外，加权系数 $\alpha_1 = 0.4$，$\alpha_2 = 0.4$，$\alpha_3 = 0.6$。在边界先验阶段，超像素内的像素数 $N = 180$，其他参数与 RBD 算法一致。

4.3.2　定量对比和分析

在 3 个基准数据集上的量化结果如图 4-5~图 4-7 所示。图 4-5 展示了本书所提方法与其他典型方法在定量评价指标（Precision、Recall 和 F-measure）指标值上的对比结果。Precision、Recall 和 F-measure 指标的分数越大，表明相应的显著性结果表现越好。本章所提方法的 Precision、Recall 和 F-measure 分别为 0.7622、0.6358 和 0.6615。图 4-5(a) 显示本书所提方法的分数是所有方法中最高的。图 4-5(b) 是在 MSRA10K 数据集上的定量对比结果，除了 wCtr 模型，准确率比其他典型方法都高；除了 SMD 模型，召回率比其他对比方法都高。此外，

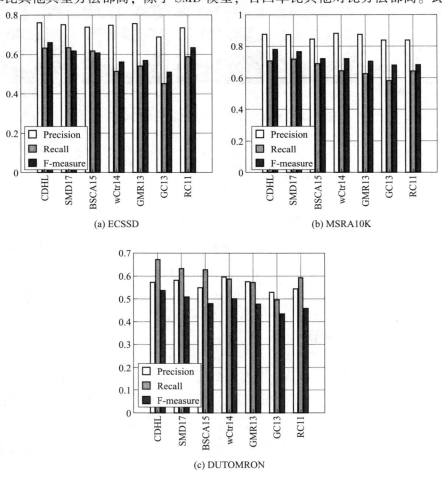

(a) ECSSD

(b) MSRA10K

(c) DUTOMRON

图 4-5　CDHL 和典型方法在 3 个公开数据集中的各项指标值

本章方法的 F – measure 值为 0.7804，是这几种方法中结果最好的。图 4 – 5(c) 是在挑战性 DUTOMRON 数据集上的对比结果，本章方法的 F – measure 分数为 0.5372，召回率分数为 0.6716，在所有实验算法中是最好的。

图 4 – 6 展示了所有实验方法的另一个评价指标值 AUC。在 ECSSD 和 MSRA10K 数据集上，AUC 值分别为 0.8064 和 0.8445，仅低于 SMD 和 BSCA 模型。图 4 – 6(c) 展示了 DUTOMRON 数据集的定量对比结果，本章方法的 AUC 值为 0.8240，与典型方法相比，本章方法的显著性检测性能最好。

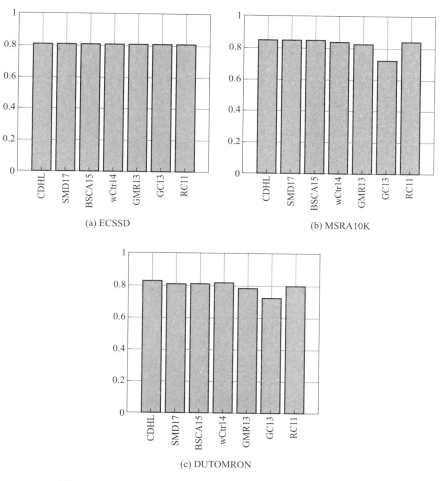

(a) ECSSD

(b) MSRA10K

(c) DUTOMRON

图 4 – 6　CDHL 和典型方法在 3 个公开数据集中的 AUC 值

MAE 对比如图 4 – 7 所示，本章所提方法的 ECSSD、MSRA10K 和 DUTOMRON 的

对应值分别为 0.1533、0.1018 和 0.1436，表明本章方法在 3 个基准数据集中的表现优于其他典型方法。

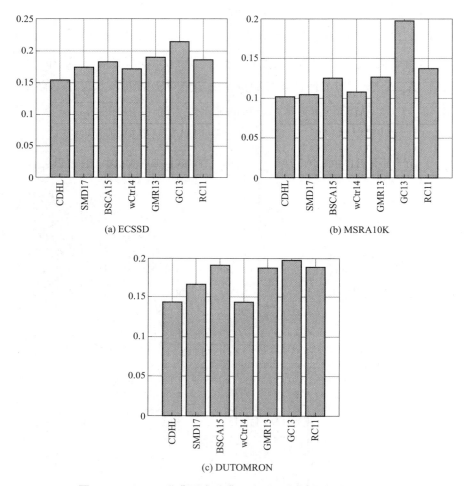

(a) ECSSD

(b) MSRA10K

(c) DUTOMRON

图 4-7　CDHL 和典型方法在 3 个公开数据集中的 MAE 值

此外，将本章方法与自顶向下模型 HDCT、DRFI、MCDL 和 MDF 进行比较，结果如表 4-1 和表 4-2 所示。在 ECSSD 和 DUTOMRON 数据集上的实验结果表明，与 DRFI、MCDL 和 MDF 相比，本章方法的性能较差。

表 4-1　CDHL 和典型方法在公开数据集 ECSSD 中的各项指标值

方法	CDHL	HDCT	DRFI	MCDL	MDF
MAE	0.143	0.167	0.149	0.082	0.092

第4章　基于颜色描述子和高层先验的显著性目标检测

续表

方法	CDHL	HDCT	DRFI	MCDL	MDF
AUC	0.824	—	0.857	0.827	0.795
Precision	0.574	—	0.598	0.681	0.718
Recall	0.672	—	0.651	0.683	0.600
F – measure	0.581	0.528	0.625	0.671	0.640

表 4 –2　CDHL 和典型方法在公开数据集 DUTOMRON 中的各项指标值

方法	CDHL	HDCT	DRFI	MCDL	MDF
MAE	0.153	0.189	0.164	0.101	0.105
AUC	0.806	0.805	0.833	0.813	0.799
Precision	0.762	0.769	0.785	0.857	0.878
Recall	0.636	0.497	0.606	0.704	0.671
F – measure	0.709	0.695	0.751	0.816	0.797

4.3.3　定性对比和分析

图 4 –8 展示了本章所提方法与最新方法在 3 个基准数据集上的可视化对比。本章方法在 ECSSD 数据集上选择了一些显著性样本，并将它们列在第 1～3 行。输入图像不仅背景复杂，而且显著性目标包含不同的颜色区域。特别是前景和背景对比度较低的第 2 和第 3 组实验图像，本章方法能够很好地突出显著性目标，同时较强地抑制背景信息。与现有方法生成的显著图相比，该方法生成的显著区域更完整、更均匀。MSRA10K 数据集的样本在第 4 行、第 5 行和第 6 行。第一种情况是输入图像(第 4 行)具有复杂的背景和由不同颜色区域组成的显著区域；第二种情况(第 5 行)是将显著区域置于混乱的场景中。最后一张图片(第 6 行)有一个简单的背景，并且包含多个颜色。与其他显著图相比，本章方法可以生成更加优质的显著图。在 DUT – OMRON 数据集上，本文给出了最后 5 行显著性结果的样本，这些样本具有较小的物体和复杂的背景。特别是对于第 9 行和第 10 行图像，现有的显著图方法无法得到准确的显著区域。然而，本章方法实现了令人满意的显著图，接近于真值图。对于另外两种图像，本章方法可以产生精度更高的显著图。其他典型方法生成的显著性目标是不完整的或误将一些背景区域作为显著性目标区域。

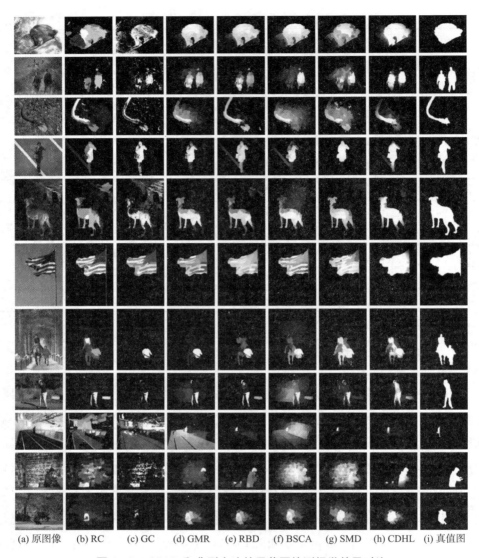

(a) 原图像　(b) RC　(c) GC　(d) GMR　(e) RBD　(f) BSCA　(g) SMD　(h) CDHL　(i) 真值图

图 4 – 8　CDHL 和典型方法的显著图检测视觉效果对比

4.4　本章小结

本章提出了一种基于局部/全局颜色描述子和高层先验的显著性目标检测方法。为了突出前景和背景的差异性，提出了一种新的颜色描述子，并在 CIElab 颜色空间和 QLRBPlab 颜色空间上分别采用基于边界的鲁棒性方法对显著图进行度量。随后，采用中心先验和对象性先验对显著图进行约束，进一步获得显著性目标完整、背景更干净的显著图。计算每个增强显著图的 L_2 范数，选择最佳显著结果。广泛的实验结果表明，本文所提出的方法在 3 个基准数据集上取得了能够与其他典型方法相竞争的目标和视觉性能。

第5章 基于多图交叉扩散的显著性目标检测

5.1 引言

通常情况下，摄影者在拍摄场景内容时会根据视觉特性把感兴趣的目标置于或靠近图像中心位置。显著性目标(前景)区域在空间上聚成一团，分布紧凑；图像背景区域则围绕目标分布，连通性强。显著性目标区域的空间特性被称为前景紧凑性，而背景区域的分布特性被称为背景先验或者边界先验。

现有典型的基于图的显著性目标检测方法往往是在背景先验假设的指导下提取图像场景中的显著性目标，这些方法可被划分为两类：第一类方法是先选择位于图像边界的像素块作为背景种子，再通过图扩散机制获得粗显著性信息(前景种子)，最后对前景种子扩散处理生成最终的显著图；第二类方法是将边界像素块当作背景区域，计算每个像素块和所有边界像素块的差异值，从而生成图像的粗显著性信息值。边界先验指导方法存在一个无法避免的弊端，即当显著性目标与图像边界相连接时，部分显著性目标将会被错误地选作背景种子，导致生成显著图的准确度急剧下降。

基于显著性目标区域的空间分布特点，Zhou 等提出了基于图扩散的前景紧凑性计算方法(IDCL)，其核心思想是通过流形排序机制对全局相似矩阵进行扩散处理，再结合空间分布的距离偏差生成显著图。DC 不需要选取种子便可以有效地生成显著图，但是在显著性目标的均质性和背景信息的抑制度方面仍然有待改进。随后，他们提出两层稀疏图扩散的改进方法(2LSG)，在显著性目标的均质性和背景信息的抑制程度方面得到了改善，但计算出的显著区域的精确度并未提高。图 5 - 1(d)和图 5 - 1(e)分别是背景先验指导下的二进制软件成分分析

（BSCA）和前景紧凑性启发下的 2LSG 的显著示例图。由图 5－1 可知，在复杂场景中，当显著性目标和背景区域在颜色特征上非常相似、显著性目标包含多个颜色特征区域时，这些方法皆无法获得较为满意的显著图。基于图的显著性目标检测方法实质上是将图像场景视作背景和前景两类，根据图像场景内容的先验信息和图扩散机制从场景中提取显著性目标。若原图像的场景内容简单，现有的典型图方法生成的显著图中显著性目标的均质度和完整度，背景区域的抑制度皆可以取得良好的效果。但是，若原图像的场景内容复杂，典型单特征图便无法充分表达图像场景内容的结构信息，多特征图也无法有效利用不同图像特征之间的互信息。

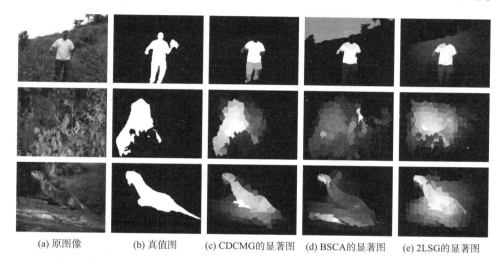

　(a) 原图像　　　(b) 真值图　　(c) CDCMG的显著图　(d) BSCA的显著图　(e) 2LSG的显著图

图 5－1　CDCMG 改进的显著图

　　针对上述复杂图像场景的挑战和典型图方法存在的问题，本章的主要工作是研究如何有效利用多类特征之间的互信息、融合背景先验的显著信息和前景紧凑性的图算法，并提出基于多图交叉扩散的显著性目标检测方法（CDCMG）。图 5－1 展示了 CDCMG 的改进效果，其主要贡献有：

　　1）为了提取更多的图像特征信息，采用低层特征（CIElab 颜色、QWLD 纹理）、中层先验信息（颜色先验图、暗通道先验图）和基于背景先验的显著性信息建立对应传统图。

　　2）为了充分利用多种图之间的互信息，通过构造多图交叉扩散机制计算前景紧凑性显著值。

3）通过计算多特征影响因子矩阵，提升元胞自动机更新机制的优化性能，以此增强显著区域的均质性和提高显著图的准确度。

5.2 CDCMG 方法概述

本章提出基于多图交叉扩散的显著性目标检测方法，其主体流程如图 5-2 所示。该方法的简要思路：第一步，提取多种图像特征并构建对应的图；第二步，根据多种图交叉扩散机制获得紧凑性显著图；第三步，通过构建多特征 SCA 扩散方法对显著性进行优化处理，输出最终的显著图。

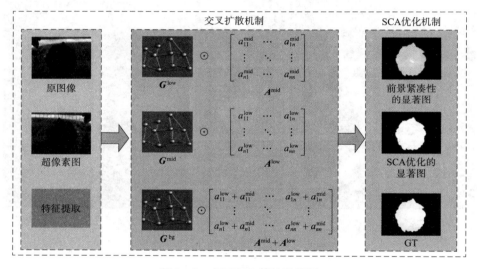

图 5-2　CDCMG 算法流程图

5.2.1 图像特征提取

在 CDCMG 中，为了降低方法的复杂度，提高检测结果的精度，采用简单线性迭代聚类分割方法 SLIC 将原图像划分为 N 个超像素块，即 $P = \{p_1, p_2, \cdots, p_N\}$ 并将 P 作为图像的处理单元。

1. 低层图像特征

在场景图像中，显著性目标和背景区域的区别主要体现在低层视觉特征上。从现有的基于图扩散的显著性目标检测方法中可知，采用 CIElab 颜色空间可以有效地展现显著性目标和背景区域在颜色上的区别。但是在有些场景中，显著性目标在颜色上与背景区域相似，其显著性体现在纹理特征中。因此，CDCMG 引进了四元数韦伯描述子（Quaternionic Weber Local Descriptor，QWLD），以此表征图像的纹理特征。QWLD 在一定程度上可以保存图像块之间在颜色上的关联，同时对噪声具有强健的鲁棒性。

2. 中层先验信息

根据人眼视觉感知的特性，场景中的暖色（如红色、黄色）可以吸引更多的注视焦点，因此采用颜色先验作为显著性目标的一种信息。另外，高亮度颜色区域、黑色目标、目标阴影可以通过暗通道先验图凸显，这些特征出现在显著性目标中的概率更高。经典的暗通道先验图是在 HSV 空间中产生的，本章通过暗通道先验方法生成了 RGB、CIElab、HSV 3 个颜色空间的特征图，并组成了一种凸显目标区域的特征图。

3. 背景先验信息

基于背景先验的显著性目标检测方法可以有效地估算出大多数场景图像中的显著性目标，并赋予显著性目标较大的像素值。为了克服边界种子选择的问题，本章根据背景先验计算原图像的初始显著信息，并将其作为一种建立图的新特征。采用 K – 均值聚类对边缘超像素进行归类（$K=3$），在 CIElab 颜色空间上估算超像素点 p_i 分别在 K 个不同聚类图中的全局对比度图，即

$$s_{k,i} = \frac{1}{p^k} \sum_{j=1}^{p^k} \frac{1}{e^{-\frac{\|c_i-c_j\|}{2\sigma_1^2}} + \tau} \qquad (5-1)$$

式中，$-\|c_i-c_j\|$ 为超像素点 p_i 和 p_j 在 CIElab 颜色空间上的欧氏距离；p^k 为在第 k 类图像中超像素的总数；σ_1 为控制权重常量，根据文献[52]设置 $\sigma_1=0.2$，$\tau=10$。

在空间分布上，越靠近图像边界的超像素的显著值估计越精确。这里通过全局空间距离图进一步提高初始显著图的准确率，即

$$w_{k,i} = \frac{1}{p^k} \sum_{j=1}^{p^k} e^{-\frac{\|r_i-r_j\|}{2\sigma_2^2}} \qquad (5-2)$$

式中，r_i 和 r_j 分别为超像素点 p_i 和 p_j 的坐标位置；σ_2 为控制权重常量，根据文献[52]设置 $\sigma_2=1.3$；$w_{k,i}$ 为超像素点 p_i 和第 k 类背景超像素点之间的空间关系。

基于全局颜色对比度图和全局空间距离图，计算超像素的背景显著值为

$$S_i^{(\mathrm{bg})} = \sum_{k=1}^{K} w_{k,i} \cdot s_{k,i} \qquad (5-3)$$

式中，$S_i^{(\mathrm{bg})}$ 为超像素 p_i 背景先验信息值。

5.2.2 传统图构造

为了充分捕捉图像中的结构信息，本小节采用上述提取的三类图像信息作为图像特征并表示为 $\boldsymbol{X} = \{\boldsymbol{X}^{(\mathrm{low})}, \boldsymbol{X}^{(\mathrm{mid})}, \boldsymbol{X}^{(\mathrm{bg})}\}$，其中 $\boldsymbol{X}^{(\mathrm{low})} = \{\boldsymbol{X}^{(1)}, \boldsymbol{X}^{(\mathrm{q})}\}$ 表示低层图像特征；$\boldsymbol{X}^{(\mathrm{mid})} = \{\boldsymbol{X}^{(\mathrm{w})}, \boldsymbol{X}^{(\mathrm{d})}\}$ 表示中层先验信息；$\boldsymbol{X}^{(\mathrm{bg})}$ 表示背景先验信息值。构建对应的图 $\boldsymbol{G}^{(v)} = [\boldsymbol{V}, \boldsymbol{E}^{(v)}]$，其中 $v \in \{(\mathrm{low}), (\mathrm{mid}), (\mathrm{bg})\}$。在传统图方法中，超像素点 p_i 和 p_j 的相似值度量方式为

$$l_{ij}^{(\mathrm{low})} = \| x_i^{(1)} - x_j^{(1)} \| + \| x_i^{(\mathrm{q})} - x_j^{(\mathrm{q})} \| \qquad (5-4)$$

$$l_{ij}^{(\mathrm{mid})} = \| x_i^{(\mathrm{w})} - x_j^{(\mathrm{w})} \| + \| x_i^{(\mathrm{d})} - x_j^{(\mathrm{d})} \| \qquad (5-5)$$

$$l_{ij}^{(\mathrm{bg})} = \| x_i^{(\mathrm{bg})} - x_j^{(\mathrm{bg})} \| \qquad (5-6)$$

式中，$x_i^{(1)}$、$x_i^{(\mathrm{q})}$ 分别为超像素点 p_i 在 CIElab 和 QWLD 颜色空间上的像素平均值；$x_i^{(\mathrm{w})}$、$x_i^{(\mathrm{d})}$ 分别为超像素点 p_i 的暖色先验值和暗通道先验值；$x_i^{(\mathrm{bg})}$ 为超像素点 p_i 的背景先验显著值。

传统图矩阵 $\boldsymbol{W}^{(v)} = [w_{ij}^{(v)}]_{N \times N}$ 为

$$w_{ij}^{(v)} = \begin{cases} \mathrm{e}^{-\frac{l_{ij}^{(v)}}{2\sigma^2}}, & j \in \Omega_i \\ 0, & \text{其他} \end{cases} \qquad (5-7)$$

式中，$\boldsymbol{W}^{(v)} \in \{\boldsymbol{W}^{(\mathrm{mid})}, \boldsymbol{W}^{(\mathrm{low})}, \boldsymbol{W}^{(\mathrm{bg})}\}$；$\Omega_i$ 为超像素点 p_i 的邻域集。

5.2.3 基于交叉扩散的前景紧凑性显著值计算

在基于传统图的前景紧凑性显著值计算方法的基础上，本小节研究工作的主要任务是生成均质度和准确度更高的显著性目标图，与此同时还能够更彻底地消除背景信息。这里为了充分利用不同特征之间的互信息，从而准确地判别复杂场景中的显著性目标物体，提出了三类特征图交叉扩散机制。

度量第 v 类特征空间的全局相似矩阵 $\boldsymbol{A}^{(v)} = [a_{ij}^{(v)}]_{N \times N}$，$\boldsymbol{A}^{(v)} \in \{\boldsymbol{A}^{(\mathrm{mid})},$

$\boldsymbol{A}^{(\text{low})}\}$，其元素 $a_{ij}^{(v)}$ 定义为

$$a_{ij}^{(v)} = \mathrm{e}^{-\frac{l_{ij}^{(v)}}{2\sigma^2}} \qquad (5-8)$$

为了在流形排序机制下实现不同特征图之间互信息的相互利用，使其既能加强显著性目标之间的相似度，同时又可以增大前景区域和背景之间的间隙，本章设计了交叉扩散机制，表示为

$$\left[\boldsymbol{H}^{(\text{low})}\right]^{\mathrm{T}} = \left[\boldsymbol{D}^{(\text{low})} - \alpha\boldsymbol{W}^{(\text{low})}\right]^{-1}\boldsymbol{A}^{(\text{mid})} \qquad (5-9)$$

$$\left[\boldsymbol{H}^{(\text{mid})}\right]^{\mathrm{T}} = \left[\boldsymbol{D}^{(\text{mid})} - \alpha\boldsymbol{W}^{(\text{mid})}\right]^{-1}\boldsymbol{A}^{(\text{low})} \qquad (5-10)$$

$$\left[\boldsymbol{H}^{(\text{bg})}\right]^{\mathrm{T}} = \left[\boldsymbol{D}^{(\text{bg})} - \alpha\boldsymbol{W}^{(\text{bg})}\right]^{-1}\frac{\left[\boldsymbol{A}^{(\text{mid})} + \boldsymbol{A}^{(\text{low})}\right]}{2} \qquad (5-11)$$

式中，$\boldsymbol{D}^{(\text{low})}$、$\boldsymbol{D}^{(\text{mid})}$ 和 $\boldsymbol{D}^{(\text{bg})}$ 分别为图矩阵 $\boldsymbol{W}^{(\text{low})}$、$\boldsymbol{W}^{(\text{mid})}$ 和 $\boldsymbol{W}^{(\text{bg})}$ 对应的度矩阵。

扩散后的多特征相似矩阵 $\boldsymbol{H} = [h_{ij}]_{N\times N}$ 为

$$\boldsymbol{H}^{\mathrm{T}} = \text{norm}\left[\boldsymbol{H}^{(\text{low})} + \boldsymbol{H}^{(\text{mid})} + \boldsymbol{H}^{(\text{bg})}\right]^{\mathrm{T}} \qquad (5-12)$$

基于扩散后的相似矩阵 $\boldsymbol{H}$，根据中心先验和空间紧凑性计算图像的显著值，具体过程如下：

1）结合 $\boldsymbol{H}$ 和空间偏差估计，计算每个超像素点 p_i 的紧凑性显著值。

$$sv(i) = \frac{\sum_{j=1}^{N} h_{ij} \cdot n_j \cdot \|b_j - o_i\|}{\sum_{j=1}^{N} h_{ij} \cdot n_j} \qquad (5-13)$$

$$o_j^x = \frac{\sum_{j=1}^{N} h_{ij} \cdot n_j \cdot b_j^x}{\sum_{j=1}^{N} h_{ij} \cdot n_j}, o_j^y = \frac{\sum_{j=1}^{N} h_{ij} \cdot n_j \cdot b_j^y}{\sum_{j=1}^{N} h_{ij} \cdot n_j} \qquad (5-14)$$

2）结合 $\boldsymbol{H}$ 和中心先验假设，度量超像素点 p_j 的紧凑性显著值。

$$sv(i) = \frac{\sum_{j=1}^{N} h_{ij} \cdot n_j \cdot \|b_j - p\|}{\sum_{j=1}^{N} h_{ij} \cdot n_j} \qquad (5-15)$$

3）结合空间偏差值和中心偏差值生成显著值。

$$S_{\text{com}} = 1 - \text{norm}(\boldsymbol{sv} + \boldsymbol{sd}) \qquad (5-16)$$

5.2.4　基于多特征 SCA 的显著性优化

上述提出的交叉扩散机制有效地结合了不同视觉特征的信息结构，对比传统

的 DC 方法，其获得的显著图的准确度有一定提高。但是，显著图的均质性和完整性仍然需要进一步优化和提升。元胞自动机同步更新机制可以在显著图的均质性和完整性方面取得很可观的提升效果，它的影响因子矩阵类似于图矩阵，直接影响着显著图的最终提升效果。为了充分捕捉图像场景内容的结构信息，本小节采用低层特征和中层先验特征构建影响因子矩阵 $\boldsymbol{W}^{(\mathrm{lm})} = \left[w_{ij}^{(\mathrm{lm})} \right]_{N \times N}$，即

$$w_{ij}^{(\mathrm{lm})} = \begin{cases} w_{ij}^{(\mathrm{low})} + w_{ij}^{(\mathrm{mid})}, & j \in \Omega_i \\ 0, & \text{其他} \end{cases} \tag{5-17}$$

影响因子矩阵的归一化形式为

$$\overline{\boldsymbol{W}}^{(\mathrm{lm})} = \left[\boldsymbol{D}^{(\mathrm{lm})} \right]^{-1} \boldsymbol{W}^{(\mathrm{lm})} \tag{5-18}$$

式中，$\boldsymbol{D}^{(\mathrm{lm})}$ 为 $\boldsymbol{W}^{(\mathrm{lm})}$ 的度矩阵。

在元胞自动机中，每个元胞（超像素点）的当前状态和它的相邻元胞集共同决定了该元胞的下一步更新状态。当某一个元胞与其相邻元胞在特征值上近似时，将会陷入被局部环境同化的情况。这种情况可以通过建立置信度矩阵来解决，进而驱使所有的元胞都能成功地完成更新演化过程，达到稳定且可靠的状态。

置信度矩阵表示为 $\boldsymbol{C} = \mathrm{diag}\{c_1, c_2, \cdots, c_N\}$，其中 c_i 为

$$c_i = \frac{1}{\max\left[w_{ij}^{(\mathrm{lm})} \right]} \tag{5-19}$$

式中，$\max(\cdot)$ 为求向量"$\cdot$"的最大值元素。

为了确保更新演化的可靠性，即显著值更新到更加稳定的精确状态，置信度矩阵的每个元素需被约束在一定范围内（$c_i \in [b, a+b]$），置信度矩阵的元素重新定义为 $\overline{\boldsymbol{C}} = \mathrm{diag}\{\bar{c}_1, \bar{c}_2, \cdots, \bar{c}_N\}$，其中 $\bar{c}_i$ 为

$$\bar{c}_i = a \cdot \frac{c_j - \min(c_j)}{\max(c_j) - \min(c_j)} + b \tag{5-20}$$

式中，$\min(\cdot)$ 为求向量"$\cdot$"的最小值元素；根据 BSCA 设置 $a = 0.6$ 和 $b = 0.2$，本书后文中的元胞自动机的相关参数设置相同。

基于影响因子矩阵和置信度矩阵，同步更新演化机制 $\boldsymbol{S}_{\mathrm{com}} \rightarrow \boldsymbol{S}$ 的建立如式（5-21）所示

$$\boldsymbol{S}^{t+1} = \overline{\boldsymbol{C}} \cdot \boldsymbol{S}^t + (\boldsymbol{I} - \overline{\boldsymbol{C}}) \cdot \overline{\boldsymbol{W}} \cdot \boldsymbol{S}^t \tag{5-21}$$

式中，$\boldsymbol{I}$ 表示 N 阶的单位矩阵；当 $t = 0$ 时，$\boldsymbol{S}^0$ 为上述获得的基于前景紧凑性计算的显著图，即 $\boldsymbol{S}^0 = \boldsymbol{S}_{\mathrm{com}}$。

5.3 实验和分析

为了验证 CDCMG 的有效性和优越性，CDCMG 在 4 个公开数据集 ASD、EC-SSD、SOD、PASCALS 上与 10 种比较杰出的典型方法进行了试验比对。典型方法有：DRFI、DSR、GMR、RBD、HDCT、BSCA、MAP、SMD、2LSG 和 RCRR。表 5 − 1 给出了几种不同理论中性能杰出的典型方法。实验对比从定性、定量 2 个层面展开评价和分析，并且对 CDCMG 中设计的各模块做了实验测试和性能分析。定量评价指标有：准确率 − 召回率曲线（PR Curve）、F − measure、E − measure、S − measure、MAE、AUC、OR 和 WF。

表 5 − 1　典型方法

理论	特征	方法
监督学习	低层图像特征	DFRI，HDCT
无监督稀疏分解	低层图像特征	SMD，DSR
无监督图	低层图像特征	BSCA，2LSG，MAP

注：每种理论对应的方法，从左往右，按照性能由高到低排列。

5.3.1 CDCMG 实现细节

CDCMG 的测试实验是在计算机配置为 CPU：Intel i5 − 8400 8.00GB RAM 上实现的。每一幅大小为 300dpi × 400dpi 的图像，CDCMG 的处理时间为 0.181s。

SLIC 中超像素点的总数设定直接影响方法的性能。为了设置合适的超像素总数，本小节分别设置超像素总数 N 为 150、200、250、300、400 进行实验测试，得到对应的 PR 曲线并进行性能分析。

由图 5 − 3 可知，当超像素总数 N 设置为 300 时，CDCMG 的 PR 曲线高于其他参数条件下 CDCMG 的

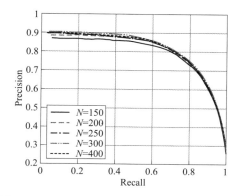

图 5 − 3　多尺度超像素下 CDCMG 的 PR 曲线

PR 曲线。因此本章超像素数目 N 设置为 300，根据典型方法设置静态平衡参数 $\sigma_2 = 0.1$ 和 $\alpha = 0.99$。

5.3.2 定量对比和分析

本节从客观的角度定量地验证了 CDCMG 的有效性和优越性，并对 CDCMG 和其他典型方法在评价指标下做了定量对比和分析。不同方法在 4 个数据集中得到的定量评价指标值 PR 曲线如图 5 – 4 所示，其他定量评价指标 S – measure、E – measure、F – measure、MAE、AUC、OR 和 WF 如表 5 – 2 ~ 表 5 – 5 所示。

表 5 – 2   CDCMG 和典型方法在公开数据集 ASD 中的各项指标值

方法	S – measure ↑	E – measure ↑	F – measure ↑	MAE ↓	AUC ↑	OR ↑	WF ↑
DRFI	0.878	0.937	0.880	0.090	0.888	0.810	0.693
DSR	0.854	0.915	0.846	0.080	0.867	0.742	0.742
GMR	0.864	0.935	0.895	0.075	0.863	0.810	0.747
RBD	0.888	0.938	0.883	0.065	0.876	0.820	0.780
HDCT	0.848	0.918	0.854	0.115	0.879	0.766	0.623
BSCA	0.868	0.931	0.875	0.085	0.875	0.803	0.703
MAP	0.866	0.932	0.874	0.077	0.872	0.795	0.734
SMD	0.893	0.944	0.893	0.070	0.877	0.828	0.767
2LSG	0.880	0.951	0.911	0.070	0.872	0.843	0.763
RCRR	0.868	0.937	0.896	0.073	0.866	0.814	0.751
CDCMG	0.888	0.945	0.899	0.062	0.870	0.832	0.787

注：↑ 表示值越大性能越好，↓ 表示值越小性能越好。

表 5 – 3   CDCMG 和典型方法在公开数据集 ECSSD 中的各项指标值

方法	S – measure ↑	E – measure ↑	F – measure ↑	MAE ↓	AUC ↑	OR ↑	WF ↑
DRFI	0.752	0.816	0.733	0.164	0.833	0.584	0.542
DSR	0.685	0.787	0.690	0.171	0.785	0.514	0.514
GMR	0.689	0.774	0.689	0.189	0.790	0.520	0.493
RBD	0.689	0.787	0.676	0.189	0.781	0.525	0.513
HDCT	0.686	0.778	0.689	0.182	0.805	0.513	0.452

方法	S－measure ↑	E－measure ↑	F－measure ↑	MAE ↓	AUC ↑	OR ↑	WF ↑
BSCA	0.725	0.797	0.702	0.182	0.815	0.549	0.513
MAP	0.700	0.791	0.697	0.184	0.801	0.534	0.494
SMD	0.734	0.800	0.712	0.173	0.811	0.560	0.537
2LSG	0.702	0.786	0.703	0.181	0.795	0.541	0.510
RCRR	0.694	0.781	0.693	0.184	0.793	0.529	0.498
CDCMG	0.738	0.810	0.737	0.155	0.811	0.584	0.568

注：↑表示值越大性能越好，↓表示值越小性能越好。

表5－4　CDCMG和典型方法在公开数据集SOD中的各项指标值

方法	S－measure ↑	E－measure ↑	F－measure ↑	MAE ↓	AUC ↑	OR ↑	WF ↑
DRFI	0.625	0.714	0.626	0.226	0.752	0.437	0.438
DSR	0.587	0.698	0.593	0.239	0.722	0.392	0.392
GMR	0.589	0.676	0.577	0.259	0.714	0.384	0.405
RBD	0.589	0.700	0.596	0.229	0.706	0.406	0.428
HDCT	0.607	0.700	0.607	0.243	0.741	0.410	0.404
BSCA	0.622	0.692	0.582	0.252	0.738	0.396	0.432
MAP	0.601	0.687	0.581	0.252	0.726	0.389	0.409
SMD	0.632	0.702	0.606	0.234	0.733	0.419	0.457
2LSG	0.591	0.670	0.606	0.254	0.702	0.378	0.420
RCRR	0.590	0.672	0.573	0.256	0.714	0.378	0.411
CDCMG	0.627	0.704	0.608	0.233	0.727	0.426	0.457

注：↑表示值越大性能越好，↓表示值越小性能越好。

表5－5　CDCMG和典型方法在公开数据集PASCALS中的各项指标值

方法	S－measure ↑	E－measure ↑	F－measure ↑	MAE ↓	AUC ↑	OR ↑	WF ↑
DRFI	0.671	0.708	0.591	0.221	0.792	0.431	0.444
DSR	0.621	0.706	0.581	0.204	0.745	0.405	0.428
GMR	0.620	0.698	0.575	0.233	0.740	0.401	0.414
RBD	0.646	0.717	0.591	0.199	0.756	0.434	0.455

续表

方法	S – measure ↑	E – measure ↑	F – measure ↑	MAE ↓	AUC ↑	OR ↑	WF ↑
HDCT	0.597	0.681	0.529	0.229	0.738	0.366	0.362
BSCA	0.654	0.711	0.593	0.222	0.770	0.426	0.439
MAP	0.631	0.707	0.584	0.222	0.756	0.414	0.415
SMD	0.659	0.725	0.614	0.207	0.763	0.447	0.459
2LSG	0.627	0.698	0.576	0.223	0.744	0.409	0.427
RCRR	0.629	0.706	0.584	0.225	0.747	0.412	0.421
CDCMG	0.669	0.721	0.610	0.199	0.758	0.448	0.470

注：↑表示值越大性能越好，↓表示值越小性能越好。

图 5 – 4 对不同方法的实验结果进行了比较和分析，ASD 的所有 PR 曲线表明，大多数方法在该数据集上得到的准确率和召回率都比较高。

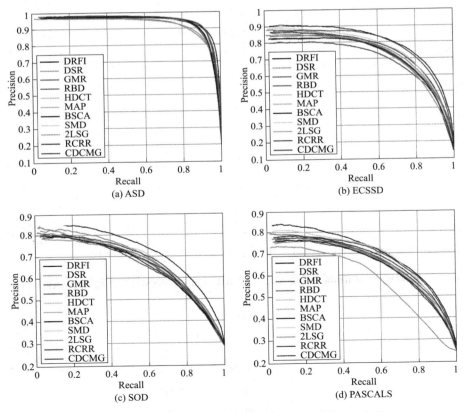

图 5 – 4　CDCMG 和典型方法在公开数据集中的 PR 曲线

CDCMG 的 PR 曲线与监督学习方法 DRFI 的 PR 曲线相重合。ECSSD 的 PR 曲线表明，除了有监督的机器学习方法 DRFI 的 PR 曲线，CDCMG 对应的 PR 曲线最高。SOD 的 PR 曲线表明，CDCMG 的 PR 曲线高于其他典型图方法的 PR 曲线。HDCT 和 DRFI 皆属于有监督的机器学习方法，所以它们的性能优于 CDCMG 的性能。PASCALS 的 PR 曲线表明，除了 SMD 和监督学习方法 DRFI 生成的 PR 曲线，CDCMG 的 PR 性能优于所有其他典型方法的 PR 性能。

由表 5 – 2 可知，本章方法 CDCMG 在 ASD 中得到的 MAE 值最低，而且 F – measure、S – measure 和 E – measure 的指标值也仅次于对应的最佳性能值。表 5 – 3 表明 CDCMG 在 ECSSD 中得到的 F – measure 和 MAE 的指标值都是最优的，而且 CDCMG 的 S – measure 和 E – measure 指标值也高于其他无监督方法对应的 S – measure 和 E – measure 指标值。表 5 – 4 表明在 SOD 中，除监督学习方法 DRFI 外，CDCMG 的 F – measure、E – measure、S – measure 的指标值都是最高的，并且 MAE 值也较低。表 5 – 5 表明在 PASCALS 中，除了 SMD，CDCMG 的 F – measure、E – measure 的指标值都是最高的，而且它的 MAE 值也是最低的，充分证明了 CDCMG 方法的优越性。

综合上述对各种实验结果的定性和定量的对比与分析可知，对于静态图像显著性目标检测问题，CDCMG 的综合性能优于典型无监督方法的综合性能。

5.3.3 定性对比和分析

图 5 – 5 展示了 CDCMG 和 10 个典型显著性目标检测方法分别在 4 个公开数据集 ASD、ECSSD、SOD 和 PASCALS 中测试生成的示例显著图。图中由左至右依次为：原图像、真值图、CDCMG、RCRR、2LSG、SMD、BSCA、MAP、HDCT、RBD、GMR、DSR、DRFI 方法。

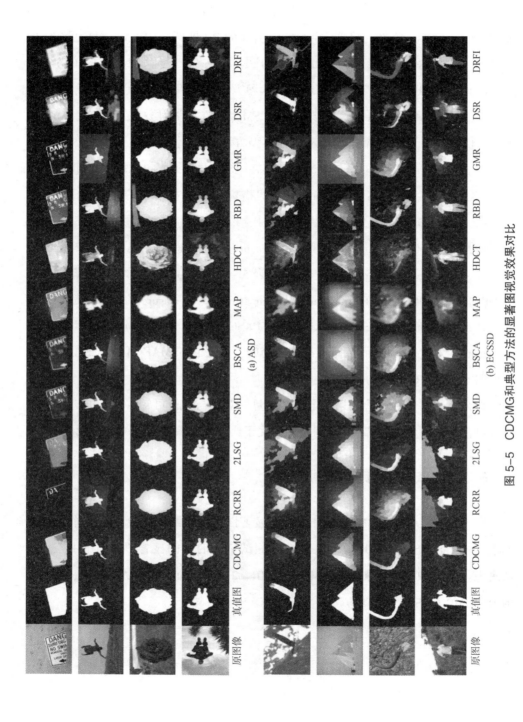

图 5-5 CDCMG 和典型方法的显著图视觉效果对比

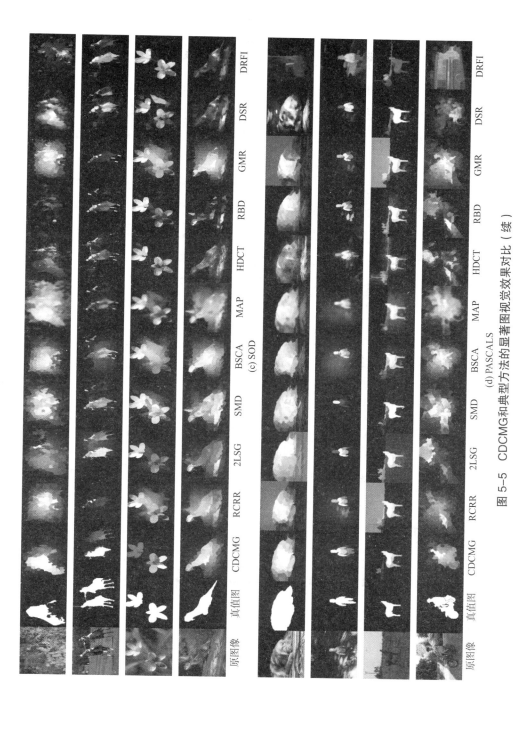

图5-5 CDCMG和典型方法的显著图视觉效果对比（续）

ECSSD 第 2 行和第 3 行、SOD 第 1 行和第 4 行在图像场景中的显著性目标与背景区域在外观上极度相似，观察并对比发现 CDCMG 对应的显著图的准确度高于其他典型方法的显著图，典型方法生成的显著图存在冗余背景信息。ECSSD 第 4 行和 PASCALS 第 4 行的显著性目标包含特征不一致的区域，CDCMG 提取的显著性目标比其他典型方法得到的显著性目标更完整、可识别度更高，典型方法甚至无法在 PASCALS 第 4 行的图像场景中检测出显著性目标。PASCALS 的图像场景存在严重光照不均、背景信息混乱的问题，典型方法均无法检测出准确且完整的显著性目标，而且错误地突出了背景信息。相比之下，CDCMG 获得的显著性目标的准确度和可识别度更高。SOD 第 2 行和第 3 行的图像场景中均存在 2 个显著性目标，CDCMG 可以准确地提取这 2 个显著性目标，而典型方法不仅丢失了部分显著信息而且凸显了背景信息。对于其他简单图像场景，对比典型方法生成的显著图，CDCMG 在生成显著性目标的均质性、完整性上均有一定程度的提升，对背景信息的抑制也更加彻底。

5.4　本章小结

本章提出了一个基于多图交叉扩散的显著性目标检测方法（CDCMG）。在典型 DC 方法和 BSCA 方法的基础上，CDCMG 采用低层图像特征、中层先验信息和背景先验显著信息值，构建了对应的传统图矩阵，可以更充分地获取复杂图像场景的结构信息。本章的核心是设计了多图交叉扩散机制，可以有效利用图之间的互信息。大量的定量、定性实验表明，对比现有先进的低层图像特征图方法的性能，CDCMG 的性能可以达到一致或更高的水平。

第6章 基于强化图的显著性目标检测

6.1 引言

在上一章中，CDCMG 的目标是在前景紧凑性显著值计算中有效利用不同图像特征之间的互信息，其中面向多个传统图和全局相似矩阵而设计的交叉扩散机制，可以达到不同特征之间互补利用的效果。但是，CDCMG 采用的图像特征缺少对图像纹理、边缘等方面的表达；传统图仅探测了各类特征的局部相似结构，无法度量图像场景的全局相似结构和不同特征之间的关联性。这些问题导致图方法无法准确判别在颜色上与背景区域非常相似的显著性目标。我们对典型显著性目标检测方法进行性能研究和分析，可以得出最重要的模块是构建图。传统图矩阵 $W = [w_{ij}]_{N \times N}$ 中 2 个相邻顶点之间的相似值 w_{ij} 通常是采用度量方法 $w_{ij} = \mathrm{e}^{-\|x_i - x_j\|/2\sigma_f^2}$ 或 $w_{ij} = \mathrm{e}^{-\|x_i - x_j\|^2/2\sigma_f^2}$ 计算得到的，这里 σ_f 是控制相似值的静态参数，会直接影响图矩阵的扩散性能，导致设计的显著性目标检测算法对复杂图像场景的鲁棒性弱。为了解决这个问题，学者们提出了单特征图优化学习，可以在一定程度上提升基于马尔可夫链的显著性目标检测的性能。但是当显著性目标区域在颜色上与背景区域相似时，依旧无法获得正确的显著区域。除此之外，图优化学习机制不适用于基于流形排序的显著性目标检测方法，原因是优化输出的图不具备合适的邻域集。我们对现有典型图方法进行分析，可以得出单特征图方法不能有效捕捉复杂图像场景的结构信息。因此，多特征图方法应运而生，在一定程度上提高了图扩散机制在复杂场景中分离显著性目标的能力。然而，多图一般是采用哈达码积或线性相加的方式融合不同特征的传统图矩阵而形成的，无法深层次挖掘特征之间的关联信息。

我们观察了大量图像场景的内容信息，发现除了背景散度和前景紧凑性特点外，前景区域和背景区域具备明显的全局聚类特点，而传统图并不具备全局聚类结构。面向显著性目标检测问题，流形排序方法 GMR 生成的显著图往往优于马尔可夫链方法 AMC 生成的显著图。结合这些特性，本章提出了基于联合亲和图矩阵和强化图的显著性目标检测方法（LJAM），其所生成显著图的提升效果如图 6-1 所示。本章方法的主要贡献有：

1）针对每幅图像中的复杂场景内容，本章所提方法提取了 64 维低层图像特征（9 维颜色特征、50 维纹理特征和 5 维中层先验信息），充分地表达了前景区域和背景区域之间的特征差异性。

2）采用多视角子空间聚类方法学习高维图像特征的联合亲和图矩阵，获得不同特征种类之间的共信息、各特征潜在的结构信息和全局聚类结构。

3）构建强化图，即将联合亲和图矩阵拥有的特性嵌入传统的图中，以此提高流形排序机制和元胞自动机更新机制的实验性能，使其在复杂图像场景中具备更强健和更准确的显著性目标检测能力。

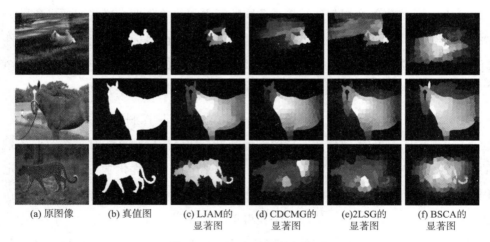

(a) 原图像　　(b) 真值图　　(c) LJAM的　　(d) CDCMG的　　(e)2LSG的　　(f) BSCA的
　　　　　　　　　　　　　　　显著图　　　　显著图　　　　显著图　　　　显著图

图 6-1　LJAM 改进的显著图

6.2　LJAM 方法概述

本章提出基于联合亲和图矩阵和强化图的显著性目标检测方法，主体流程如图 6-2 所示。简要思路：第一步，将图像分割为超像素图并提取图像的多类特征；第二步，构建多类特征的传统图，学习多特征的联合亲和图矩阵；第三步，面向前景紧凑性的流形排序方法和 SCA 同步更新演化机制构建对应的强化图，以此提高图扩散方法在复杂场景中提取显著性目标的潜能。

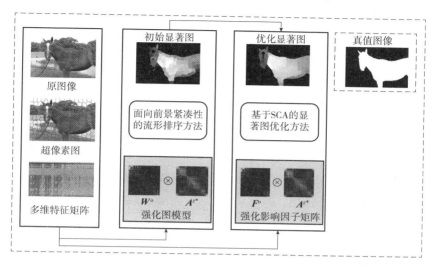

图 6-2　LJAM 算法流程图

6.2.1　图像特征提取

LJAM 同样以超像素点作为图像的基本单元。为了更加充分地获得前景区域和背景区域的低层特征差异信息，提取 64 维低层图像特征(9 维颜色特征、50 维纹理特征和 5 维中层先验特征)，表 6-1 给出了多视觉图像特征的详细信息。

表 6-1　多视觉图像特征信息

种类	名称	维数	特点
颜色特征	RGB	3	红色(R: red)，绿色(G: green)，蓝色(B: blue)
颜色特征	CIElab	3	亮度(L: lightness)，a 的正数代表红色、负数代表绿色，b 的正数代表黄色、负数代表蓝色
颜色特征	HSV	3	色调(H: hue)，饱和度(S: saturation)，色明度(V: value)

续表

种类	名称	维数	特点
边缘特征	可控金字塔滤波（4 个方向，3 个尺度）	12	图像中不同区域的边缘特征
纹理特征	Gabor 滤波器特征（12 个方向，3 个尺度）	36	图像中不同区域的纹理特征
纹理特征	局部二值方法（LBP）	1	图像中不同区域的局部纹理特征
纹理特征	四元数韦伯局部描述子	1	图像中不同区域的局部纹理特征
高层先验信息	颜色先验信息	1	图像中的热颜色（如红色、黄色、橙色等）更吸引人眼注意
高层先验信息	暗通道先验信息	1	显著性区域存在显著暗通道信息
高层先验信息	谱残差显著性信息	1	通过谱残差方法计算图像中的显著信息

6.2.2 联合亲和图矩阵

在视觉显著性目标检测中，图像中提取的不同低层特征信息的共同作用充分地表达了前景区域和背景区域之间的特征差异，从而设计检测算法，将完整的显著区域从复杂场景图像中剥离。不同的低层特征信息来自同一幅输入图像，拥有共同的场景内容信息，所以应该具有一致的图矩阵。针对这个特性，我们将采用基于低秩表示的联合亲和图矩阵学习方法获得亲和图矩阵，该亲和图矩阵拥有多种图像特征的共有结构信息和互补信息，同时还可以消除特征中不必要的冗余信息（背景和噪声）。

本方法从输入图像中提取了多种类型的低层颜色、纹理特征和先验信息等，表示方法为 $X = [X^{(1)}; X^{(2)}; \cdots; X^{(v)}] \in \mathbb{R}^{d^{(v)} \times N}$，其中，$d^{(v)}$ 为第 v 类特征的维数。低秩表示（Low-Rank Representation，LRR）方法用于学习和度量特征信息之间关联性，第 v 类特征矩阵表示为 $X^{(v)} = [x_1^{(v)}, x_2^{(v)}, \cdots, x_N^{(v)}] \in \mathbb{R}^{d^{(v)} \times N}$，低秩表示矩阵的学习方法为

$$\min_{Z^{(v)}, E^{(v)}} \|Z^{(v)}\|_* + \lambda \|E^{(v)}\|_{2,1}$$

$$\text{s. t.} \quad X^{(v)} = X^{(v)} Z^{(v)} + E^{(v)} \tag{6-1}$$

式中，$\boldsymbol{Z}^{(v)}$ 为特征矩阵 $\boldsymbol{X}^{(v)}$ 构建的亲和图矩阵；$\|\boldsymbol{Z}^{(v)}\|_*$ 为矩阵 $\boldsymbol{Z}^{(v)}$ 的核函数；$\boldsymbol{E}^{(v)}$ 为残差矩阵；$\|\boldsymbol{E}^{(v)}\|_{2,1}$ 为矩阵 $\boldsymbol{E}^{(v)}$ 的 $\mathrm{L}_{2,1}$ 范数，定义为：$\|\boldsymbol{E}^{(v)}\|_{2,1} = \sum\limits_{i=1}^{N}\sqrt{\sum\limits_{i=1}^{N}e_{ij}^{(v)}}$ 。

为了获取多种特征的共享表示信息，增强不同视觉特征之间信息的互补多样性，同时剔除不重要的冗余信息，文献 [232] 引入了非对称矩阵 $\boldsymbol{H} \in \mathbb{R}^{V \times V}$ ，用以度量不同特征之间潜在的结构相似性，其中第 v 类特征和第 u 类特征之间的相似性可以定义为

$$\boldsymbol{H}^{(v,u)} = \mathrm{tr}\left[\left(\boldsymbol{T}^{(v)}\right)^{\mathrm{T}}\boldsymbol{T}^{(u)}\right] \tag{6-2}$$

式中，$\boldsymbol{T}^{(v)}$ 为第 v 类特征矩阵建立的随机游走方法的概率转移矩阵，即

$$\boldsymbol{T}^{(v)} = \left[\boldsymbol{D}^{(v)}\right]^{-1}\boldsymbol{S}^{(v)} \quad (i = 1, 2, \cdots, V) \tag{6-3}$$

式中，$\boldsymbol{S}^{(v)}$ 为第 v 类特征计算出的超像素图的相似度矩阵；$\boldsymbol{D}^{(v)}$ 为相似度矩阵 $\boldsymbol{S}^{(v)}$ 生成的度矩阵。

接下来，针对式（6-2），给出一个向量 $\boldsymbol{w} \in \mathbb{R}_+^V$ ，由此得到的多样性正则化项为

$$\min_{\boldsymbol{w} \in \mathbb{R}_+^V} \sum_{u,v=1}^{V} w_u w_v \boldsymbol{H}_{u,v} = \boldsymbol{w}^{\mathrm{T}}\boldsymbol{H}\boldsymbol{w}$$
$$\text{s. t.} \quad \boldsymbol{w}^{\mathrm{T}}\boldsymbol{1}_V = 1 \tag{6-4}$$

式中，$\boldsymbol{1}_V$ 为元素值全为 1 的向量，$\boldsymbol{1}_V \in \mathbb{R}^V$ 。

结合低秩表示矩阵的表达式（6-1）和多样性正则化项的表达式（6-4），可以得到学习联合亲和图矩阵 $\hat{\boldsymbol{Z}}$ 的目标函数，即

$$\min_{\hat{\boldsymbol{Z}}, \boldsymbol{E}^{(v)}, \boldsymbol{w}} \|\hat{\boldsymbol{Z}}\|_* + \sum_{v=1}^{V} w_v \|\boldsymbol{E}^{(v)}\|_{2,1} + \lambda \boldsymbol{w}^{\mathrm{T}}\boldsymbol{H}\boldsymbol{w}$$
$$\text{s. t.} \quad \boldsymbol{X}^{(v)} = \boldsymbol{X}^{(v)}\hat{\boldsymbol{Z}} + \boldsymbol{E}^{(v)}, \boldsymbol{w}^{\mathrm{T}}\boldsymbol{1}_V = 1 \tag{6-5}$$

为了获得每个特征中固有的局部结构信息，引入图正则化项和低秩约束项，重新得到联合亲和图矩阵 $\hat{\boldsymbol{Z}}$ 的学习方法，最终的数学建模如式（6-6）所示。

$$\min_{\hat{\boldsymbol{Z}}, \boldsymbol{E}^{(v)}, \boldsymbol{w}} \|\hat{\boldsymbol{Z}}\|_* + \sum_{v=1}^{V} w_v \|\boldsymbol{E}^{(v)}\|_{2,1} + \lambda \boldsymbol{w}^{\mathrm{T}}\boldsymbol{H}\boldsymbol{w} + \beta \mathrm{tr}(\hat{\boldsymbol{Z}}\boldsymbol{L}_s\hat{\boldsymbol{Z}}^{\mathrm{T}})$$
$$\text{s. t.} \quad \boldsymbol{X}^{(v)} = \boldsymbol{X}^{(v)}\hat{\boldsymbol{Z}} + \boldsymbol{E}^{(v)}, \boldsymbol{w}^{\mathrm{T}}\boldsymbol{1}_V = 1, \mathrm{rank}(\boldsymbol{L}_s) = N - C \tag{6-6}$$

式中，L_s 为联合亲和图矩阵的拉普拉斯矩阵（Laplacian Matrix）；C 为聚类因子（种类）；λ、β 为平衡权重参数，$\lambda > 0$，$\beta > 0$。

式（6－6）的详细求解过程由文献［100］给出，则目标联合亲和图矩阵 $A^z = \left[a_{ij}^z\right]_{N \times N}$ 为

$$A^z = \frac{\hat{Z} + \hat{Z}^{\mathrm{T}}}{2} \tag{6－7}$$

6.2.3　强化图构建

面向前景紧凑性显著值计算的图方法中，最重要的组成部分是全局相似矩阵和图。基于多种图像特征，计算全局相似矩阵 $A^{(o)} = \left[a_{ij}^{(o)}\right]_{N \times N}$，其元素为

$$a_{ij}^{(o)} = \mathrm{e}^{-\frac{\|\bar{x}_i - \bar{x}_j\|}{\sigma^2}} \tag{6－8}$$

式中，$\bar{x}_i$，$\bar{x}_j$ 分别为超像素点 p_i 和 p_j 在多维视觉特征中的平均值；σ 是静态参数。

给每个图顶点 p_i 赋予邻域集 Ω_i，则得到传统图矩阵 $W^{(o)} = \left[w_{ij}^{(o)}\right]_{N \times N}$，其中 $w_{ij}^{(o)}$ 的表达式为

$$w_{ij}^{(o)} = \begin{cases} a_{ij}^{(o)}, & j \in \Omega_i \\ 0, & \text{其他} \end{cases} \tag{6－9}$$

传统图只度量了每种特征固有的局部结构信息，并不具备各特征之间的潜在关联性和图像的全局聚类结构。本章融合式（6－7）的联合亲和图矩阵 A^z 和传统图矩阵 $W^{(o)}$ 构建强化图矩阵，从而提高图的扩散性能。下面对亲和图矩阵 A^z 的列向量归一化。

$$A^{z*} = (D^z)^{-1} \cdot A^z \tag{6－10}$$

其中，度矩阵 $D^z = \mathrm{diag}\{d_{11}^z, d_{22}^z, \cdots, d_{NN}^z\}$，$d_{ii}^z = \sum_j a_{ij}^z$。则强化图矩阵 W 为

$$W = A^{z*} \circ W^{(o)} \tag{6－11}$$

图6－3给出了联合亲和图矩阵 A^{z*}、传统图矩阵 $W^{(o)}$ 和强化图矩阵 W 的可视化图。由图可知，强化图矩阵 W 具有清晰干净的块对角结构，说明其比传统图矩阵 $W^{(o)}$ 具备更高的区别显著性目标的能力。

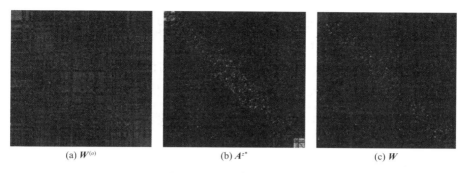

(a) $\boldsymbol{W}^{(o)}$　　　　　　(b) $\boldsymbol{A}^{z^*}$　　　　　　(c) $\boldsymbol{W}$

图 6 - 3　图的可视化图

6.2.4　基于强化图的前景紧凑性显著值计算

通过强化图矩阵 $\boldsymbol{W}$ 建立半监督学习的加权流形排序机制，并对多视觉全局相似矩阵 $\boldsymbol{A}^{(o)}$ 扩散演化，从而得到具有聚类信息的强化相似矩阵 $\boldsymbol{H}$。

$$\boldsymbol{H}^{\mathrm{T}} = (\mathbf{I} - \alpha \boldsymbol{D}^{-1} \boldsymbol{W})^{-1} \boldsymbol{D}^{-1/2} \boldsymbol{A}^{(o)} \tag{6-12}$$

基于扩散后的相似矩阵 $\boldsymbol{H}$，根据中心先验和空间紧凑性计算图像的显著值，具体过程如下所示。

1）结合 $\boldsymbol{H}$ 和空间偏差估计，计算每个超像素点 p_i 的紧凑性显著值。

$$sv(i) = \frac{\sum_{j=1}^{N} h_{ij} \cdot n_j \cdot \| b_j - o_i \|}{\sum_{j=1}^{N} h_{ij} \cdot n_j} \tag{6-13}$$

$$o_j^x = \frac{\sum_{j=1}^{N} h_{ij} \cdot n_j \cdot b_j^x}{\sum_{j=1}^{N} h_{ij} \cdot n_j}, o_j^y = \frac{\sum_{j=1}^{N} h_{ij} \cdot n_j \cdot b_j^y}{\sum_{j=1}^{N} h_{ij} \cdot n_j} \tag{6-14}$$

2）结合 $\boldsymbol{H}$ 和中心先验假设，度量超像素点 p_i 的紧凑性显著值。

$$sv(i) = \frac{\sum_{j=1}^{N} h_{ij} \cdot n_j \cdot \| b_j - p_i \|}{\sum_{j=1}^{N} h_{ij} \cdot n_j} \tag{6-15}$$

3）结合空间偏差值和中心偏差值生成显著值。

$$\boldsymbol{S}_{\mathrm{com}} = 1 - \mathrm{norm}(\boldsymbol{sv} + \boldsymbol{sd}) \tag{6-16}$$

6.2.5　基于强化 SCA 方法的显著图优化

在 BSCA 方法中，影响因子矩阵决定了显著图的优化效果。为了得到完整性和均质性更好的优化显著图，本节采用 CIElab 颜色特征的平均值以及其他组合特征的平均值来度量元胞自动机中元胞 p_i 和 p_j 之间的距离，即

$$a_{ij}^{(c)} = \mathrm{e}^{-\frac{\|\bar{x}_i^c - \bar{x}_j^c\|}{\sigma^2}}, \qquad a_{ij}^{(r)} = \mathrm{e}^{-\frac{\|\bar{x}_i^r - \bar{x}_j^r\|}{\sigma^2}} \qquad (6-17)$$

式中，$\bar{x}_i^c$、$\bar{x}_i^r$ 分别为在元胞 p_i 上计算出的 CIElab 颜色特征的平均值和其他组合特征的平均值；σ 为静态参数。

类似于图构建方法，这里给每个元胞 p_i 赋予邻接元胞集 Ω_i，由式(6-21)得到 2 个传统的影响因子矩阵 $\boldsymbol{F}^{(c)} = \left[F_{ij}^{(c)} \right]_{N \times N}$ 和 $\boldsymbol{F}^{(r)} = \left[F_{ij}^{(r)} \right]_{N \times N}$，其元素 $F_{ij}^{(c)}$ 和 $F_{ij}^{(r)}$ 的表达式分别为

$$F_{ij}^{(c)} = \begin{cases} a_{ij}^{(c)}, & j \in \Omega_i \\ 0, & \text{其他} \end{cases}$$

$$F_{ij}^{(r)} = \begin{cases} a_{ij}^{(r)}, & j \in \Omega_i \\ 0, & \text{其他} \end{cases} \qquad (6-18)$$

为了将两个影响因子矩阵相结合并保留较大的相似值，通过建立式(6-19)来融合传统影响因子矩阵 $\boldsymbol{F}^{(c)} = \left[F_{ij}^{(c)} \right]_{N \times N}$ 和 $\boldsymbol{F}^{(r)} = \left[F_{ij}^{(r)} \right]_{N \times N}$，从而得到传统多特征影响因子矩阵 $\boldsymbol{F}^{(o)} = \left[F_{ij}^{(o)} \right]_{N \times N}$，其元素 $F_{ij}^{(o)}$ 的表达式为

$$F_{ij}^{(o)} = \begin{cases} \sqrt{\left[F_{ij}^{(c)} \right]^2 + \left[F_{ij}^{(r)} \right]^2}, & j \in \Omega_i \\ 0, & \text{其他} \end{cases} \qquad (6-19)$$

为了使强化后的影响因子矩阵保留原对称性，下面采用行标准化的联合亲和图矩阵 $\boldsymbol{A}^{z*}$ 对称强化传统多特征影响因子矩阵 $\boldsymbol{F}^{(o)} = \left[F_{ij}^{(o)} \right]_{N \times N}$，即

$$\boldsymbol{F} = \boldsymbol{A}^{z*} \circ \boldsymbol{F}^{(o)} \circ (\boldsymbol{A}^{z*})^{\mathrm{T}} \qquad (6-20)$$

下面对强化影响因子矩阵 $\boldsymbol{F}$ 进行标准化处理，得到 $\boldsymbol{F}^*$ 的表达式

$$\boldsymbol{F}^* = (\boldsymbol{D}^F)^{-1} \cdot \boldsymbol{F} \qquad (6-21)$$

式中，$\boldsymbol{D}^F = \mathrm{diag}\{ d_{11}^F, d_{22}^F, \cdots, d_{NN}^F \}$；$d_{ii}^F = \sum_j F_{ij}$。

图 6-4 是不同影响因子矩阵的可视化效果图。由图可知，强化影响因

矩阵 $\boldsymbol{F}^*$ 不仅具有清晰的块对角结构而且去除了冗余背景噪声。虽然影响因子矩阵 $\boldsymbol{F}^{(c)}$、$\boldsymbol{F}^{(r)}$ 和 $\boldsymbol{F}^{(o)}$ 的对角块结构也比较明显，但是存在大量的冗余背景噪声，表明强化影响因子矩阵 $\boldsymbol{F}^*$ 比其他影响因子矩阵具有更强的区别度量能力。

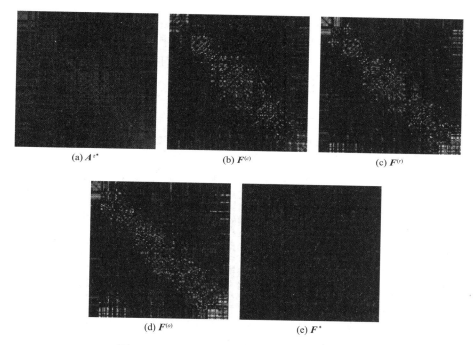

(a) $\boldsymbol{A}^{z*}$ (b) $\boldsymbol{F}^{(c)}$ (c) $\boldsymbol{F}^{(r)}$

(d) $\boldsymbol{F}^{(o)}$ (e) $\boldsymbol{F}^*$

图6-4 不同影响因子矩阵的可视化效果图

每个元胞下一刻的演化状态由它当前的状态和邻接元胞集共同决定，建立置信度矩阵确保每一步迭代更新演化的有效性和稳定性，置信度矩阵表示为 $\boldsymbol{C} = \mathrm{diag}\{c_1, c_2, \cdots, c_N\}$，其元素 c_i 的表达式为

$$c_i = \frac{1}{\max(F_{ij})} \tag{6-22}$$

基于式(6-22)，为确保每个超像素的显著值可以更新到一个比较稳定且精确的状态，置信度矩阵需要被约束在一定的范围内，即 $\boldsymbol{C}^* = \mathrm{diag}\{c_1^*, c_2^*, \cdots, c_N^*\}$，其元素 c_i^* 的表达式为

$$c_i^* = a \cdot \frac{c_j - \min(c_j)}{\max(c_j) - \min(c_j)} + b \tag{6-23}$$

式中，$a = 0.6$；$b = 0.2$。

基于影响因子矩阵和置信度矩阵，同步更新演化机制 $S_{\text{com}} \to S$ 的建立如式 (6 - 24) 所示。

$$S^{t+1} = C^* \cdot S^t + (I - C^*) \cdot F^* \cdot S^t \qquad (6 - 24)$$

式中，I 为 N 阶的单位矩阵；当 $t = 0$ 时，$S^0 = S_{\text{com}}$。

图 6 - 5 展示了强化图对 DC 方法和强化影响因子矩阵对元胞自动机同步更新优化机制的提升效果。对比 DC 的显著图，强化图矩阵可以提高图矩阵对全局相似矩阵扩散的效果；对比典型元胞自动机的优化显著图，强化影响因子矩阵可以有效地提升元胞自动机更新迭代机制，得到的显著区域的准确度和完整度更高，同时对冗余背景信息的消除也更有力。

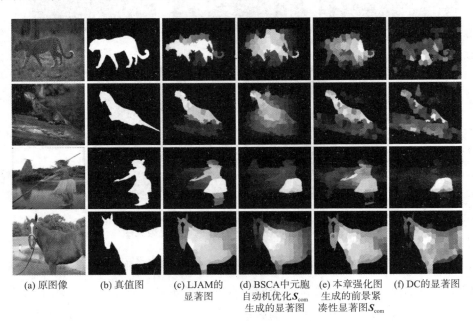

| (a) 原图像 | (b) 真值图 | (c) LJAM的显著图 | (d) BSCA中元胞自动机优化S_{com}生成的显著图 | (e) 本章强化图生成的前景紧凑性显著图S_{com} | (f) DC的显著图 |

图 6 - 5　强化图的显著图提升效果

6.3　实验和分析

实验采用 5 个公开的显著性数据集 ASD、CSSD、ECSSD、SOD 和 PASCALS 验证本章提出方法的性能，并与 8 个优秀的典型方法(表 6 - 2)的性能进行实验比较。实验结果的对比从定性分析和定量分析两方面展开。除此之外，实验中同样验证了 SLIC 在方法中的有效性，以及联合亲和图矩阵对不同图强化后的显著图的提升效果。本章采用的定量评价指标有：PR 曲线、F – measure、E – measure、S – measure、MAE、AUC、OR 和 WF 的指标值。

表 6 – 2　典型方法

理论	特征	方法
监督学习	低层图像特征	DFRI
无监督稀疏分解	低层图像特征	HLR, SMD, DSR
无监督图	低层图像特征	CDCMG, BSCA, 2LSG, MAP

注：每种理论对应的方法，从左往右，按照性能由高到低排列。

6.3.1　LJAM 实现细节

本章的所有测试实验皆是在计算机配置为 CPU：Intel i6 – 8400 8.00GB RAM 上实现的。LJAM 算法中，超像素总数 N 设置为 300，传统图构建中的相似值控制参数为 $\sigma^2 = 0.1$，多视角稀疏子空间聚类的目标函数式（6 – 6）的平衡权重参数 $\lambda = 1$，$\beta = 1$，聚类因子 $C = 5$。

6.3.2　定量对比和分析

由图 6 – 6 可知，LJAM 分别在数据库 ASD、ECSSD 和 PASCALS 中测试输出的 PR 曲线高于典型方法的 PR 曲线。在 SOD 中，LJAM 对应的 PR 曲线仅次于监督学习方法 DFRI 的 PR 曲线。表 6 – 3 为 LJAM 和典型方法在公开数据集 ASD 中的各项指标值，由表 6 – 3 可知 LJAM 在 ASD 中得到的 F – measure、E – measure、S – measure、MAE、OR 和 WF 的指标值皆为最佳，AUC 值仅比最佳 AUC 值小 0.010；表 6 – 4 为 LJAM 和典型方法在公开数据集 ECSSD 中的各项指标值，由表 6 – 4 可知 LJAM 在 ECSSD 上得到的 F – measure、E – measure、S – measure、MAE、OR 和 WF 的指标值皆为最佳，AUC 值也仅次于最佳 AUC 值；表 6 – 5 为 LJAM 和典型方法在公开数据集 SOD 中的各项指标值，由表 6 – 5 可知对于 SOD，LJAM 的综合性能仅次于监督学习方法 DFRI；表 6 – 6 为 LJAM 和典型方法在公开数据集 PASCALS 中的各项指标值，由表 6 – 6 可知，LJAM 在 PASCALS 中取得的 F – measure、E – measure、WF 和 OR 的指标值都是最佳的，并且 S – measure 和 MAE 的值也仅次于典型方法中的最佳指标值。

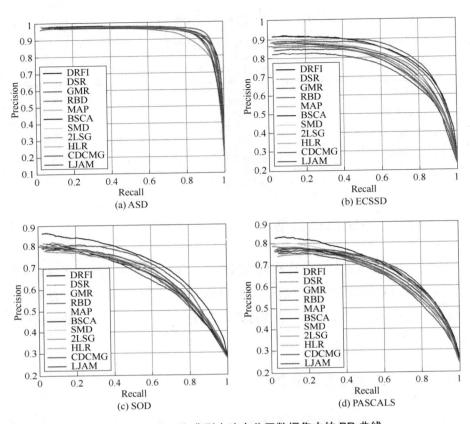

图 6-6　LJAM 和典型方法在公开数据集中的 PR 曲线

表 6-3　LJAM 和典型方法在公开数据集 ASD 中的各项指标值

方法	S - measure ↑	E - measure ↑	F - measure ↑	MAE ↓	AUC ↑	OR ↑	WF ↑
DRFI	0. 878	0. 937	0. 880	0. 09	0. 888	0. 810	0. 693
DSR	0. 854	0. 915	0. 846	0. 08	0. 867	0. 742	0. 742
GMR	0. 864	0. 935	0. 895	0. 075	0. 863	0. 81	0. 747
RBD	0. 888	0. 938	0. 883	0. 065	0. 876	0. 82	0. 780
HDCT	0. 848	0. 918	0. 854	0. 115	0. 879	0. 766	0. 623
BSCA	0. 868	0. 931	0. 875	0. 085	0. 875	0. 803	0. 703
MAP	0. 866	0. 932	0. 874	0. 077	0. 872	0. 795	0. 734
SMD	0. 893	0. 944	0. 893	0. 07	0. 877	0. 828	0. 767
2LSG	0. 880	0. 951	0. 911	0. 07	0. 872	0. 843	0. 763

续表

方法	S - measure ↑	E - measure ↑	F - measure ↑	MAE ↓	AUC ↑	OR ↑	WF ↑
HLR	0.894	0.937	0.894	0.071	0.881	0.834	0.761
CDCMG	0.888	0.945	0.899	0.062	0.870	0.832	0.787
LJAM	0.901	0.951	0.911	0.06	0.878	0.848	0.794

注：↑表示值越大性能越好，↓表示值越小性能越好。

表6-4 LJAM 和典型方法在公开数据集 ECSSD 中的各项指标值

方法	S - measure ↑	E - measure ↑	F - measure ↑	MAE ↓	AUC ↑	OR ↑	WF ↑
DRFI	0.752	0.816	0.733	0.164	0.833	0.584	0.542
DSR	0.685	0.787	0.690	0.171	0.785	0.514	0.514
GMR	0.689	0.774	0.689	0.189	0.790	0.520	0.493
RBD	0.689	0.787	0.676	0.189	0.781	0.525	0.513
HDCT	0.686	0.778	0.689	0.182	0.805	0.513	0.452
BSCA	0.725	0.797	0.702	0.182	0.815	0.549	0.513
MAP	0.700	0.791	0.697	0.184	0.801	0.534	0.494
SMD	0.734	0.800	0.712	0.173	0.811	0.560	0.537
2LSG	0.702	0.786	0.703	0.181	0.795	0.541	0.510
HLR	0.694	0.781	0.693	0.184	0.793	0.529	0.498
CDCMG	0.738	0.810	0.737	0.155	0.811	0.584	0.568
LJAM	0.756	0.819	0.750	0.155	0.824	0.601	0.577

注：↑表示值越大性能越好，↓表示值越小性能越好。

表6-5 LJAM 和典型方法在公开数据集 SOD 中的各项指标值

方法	S - measure ↑	E - measure ↑	F - measure ↑	MAE ↓	AUC ↑	OR ↑	WF ↑
DRFI	0.625	0.714	0.626	0.226	0.752	0.437	0.438
DSR	0.587	0.698	0.593	0.239	0.722	0.392	0.392
GMR	0.589	0.676	0.577	0.259	0.714	0.384	0.405
RBD	0.589	0.700	0.596	0.229	0.706	0.406	0.428
HDCT	0.607	0.700	0.607	0.243	0.741	0.410	0.404
BSCA	0.622	0.692	0.582	0.252	0.738	0.396	0.432
MAP	0.601	0.687	0.581	0.252	0.726	0.389	0.409

续表

方法	S－measure ↑	E－measure ↑	F－measure ↑	MAE ↓	AUC ↑	OR ↑	WF ↑
SMD	0.632	0.702	0.606	0.234	0.733	0.419	0.457
2LSG	0.591	0.670	0.606	0.254	0.702	0.378	0.420
HLR	0.639	0.698	0.605	0.234	0.741	0.423	0.467
CDCMG	0.627	0.704	0.608	0.233	0.727	0.426	0.457
LJAM	0.642	0.705	0.621	0.230	0.744	0.437	0.474

注：↑表示值越大性能越好，↓表示值越小性能越好。

表6－6　LJAM和典型方法在公开数据集PASCALS中的各项指标值

方法	S－measure ↑	E－measure ↑	F－measure ↑	MAE ↓	AUC ↑	OR ↑	WF ↑
DRFI	0.671	0.708	0.591	0.221	0.792	0.431	0.444
DSR	0.621	0.706	0.581	0.204	0.745	0.405	0.428
GMR	0.620	0.698	0.575	0.233	0.740	0.401	0.414
RBD	0.646	0.717	0.591	0.199	0.756	0.434	0.455
HDCT	0.597	0.681	0.529	0.229	0.738	0.366	0.362
BSCA	0.654	0.711	0.593	0.222	0.770	0.426	0.439
MAP	0.631	0.707	0.584	0.222	0.756	0.414	0.415
SMD	0.659	0.725	0.614	0.207	0.763	0.447	0.459
2LSG	0.627	0.698	0.576	0.223	0.744	0.409	0.427
HLR	0.669	0.722	0.607	0.207	0.772	0.450	0.472
CDCMG	0.669	0.721	0.610	0.199	0.758	0.448	0.470
LJAM	0.666	0.725	0.615	0.203	0.769	0.451	0.473

注：↑表示值越大性能越好，↓表示值越小性能越好。

综上所述，LJAM在公开数据集ASD、ECSSD、SOD和PASCALS中测试出的综合性能优于典型显著性目标检测方法的综合性能。

6.3.3　定性对比和分析

图6－7为LJAM、CDCMG和9个典型方法在4个公开数据集ASD、ECSSD、SOD和PASCALS上取得的显著性效果图。从左至右依次为：原图像、真值图、LJAM、CDCMG、HLR、2LSG、SMD、BSCA、MAP、RBD、GMR、DSR和DRFI。

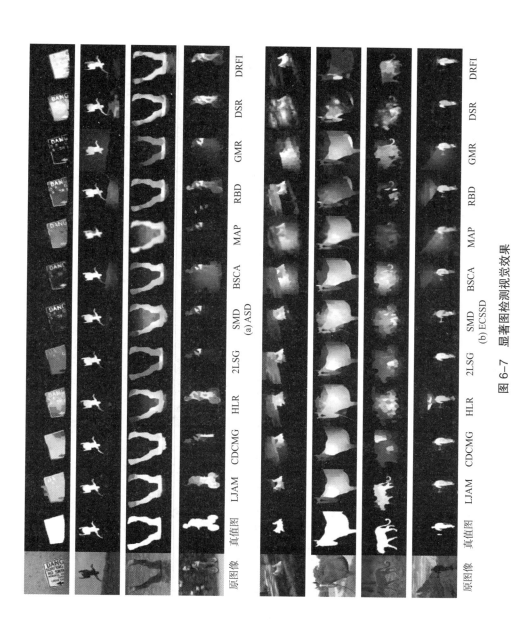

图 6-7 显著图检测视觉效果

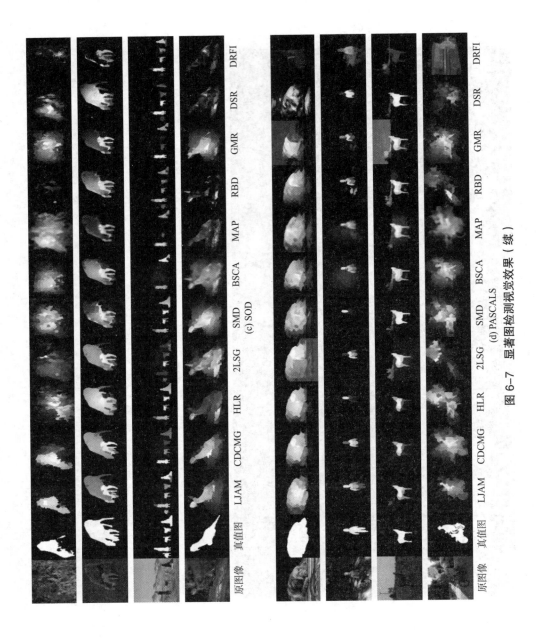

图6-7 显著图检测视觉效果（续）

图 6-7(b)ECSSD 第一行和第二行、图 6-7(c)SOD 第一行和第四行的图像场景中显著性目标与相邻背景区域差异度非常低，此类情况下 LJAM 获得的显著性目标非常接近真值目标，典型方法和 CDCMG 则无法获得识别度较高的显著性目标。图 6-7(b)ECSSD 第四行、图 6-7(c)SOD 第三行的图像场景中分别存在多个尺寸大小和外观特征不同的显著性目标，LJAM 对应的显著图比其他典型方法和 CDCMG 的显著图更靠近真值图。图 6-7(a)ASD 第四行、图 6-7(d)PAS-CALS 第四行的图像场景中显著性目标由多个不同特征的区域组成，相比其他典型方法和 CDCMG 生成的显著图，LJAM 对应的显著图中显著性目标更完整、更准确。PASCALS 的图像场景存在严重的光照不均现象，LJAM 生成的显著图近似真值图，其他典型方法和 CDCMG 的显著图中存在大量冗余背景信息，尤其是图 6-7(d)PASCALS 第四行的显著图更能展现出 LJAM 的优势。剩余其他简单图像场景，LJAM 得到的显著区域的准确性和均质性皆优于其他对比方法生成的显著区域。

6.3.4　SLIC 方法的有效性验证

SLIC 是本书的主要图像预处理方法，本小节分别采用超像素分割方法 LRW、DBSCAN 与 SLIC 进行实验对比，如图 6-8(a)所示。由图可知，在本章构建的两层强化图中，SLIC 分割的超像素表现出了更有利于提高显著性目标检测的性能的优势。尤其在第一层基于强化图的前景紧凑性显著值计算中，SLIC 得到的超像素更突出。图 6-8(b)是 LJAM 在多尺度 SLIC（$N=100$、200、300、400）的

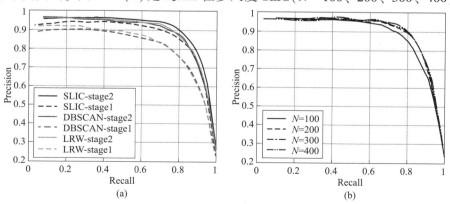

图 6-8　LJAM 在不同超像素分割方法与多尺度 SLIC 下得到的 PR 曲线

情况下得到的 PR 曲线，由图可知，当 $N = 300$ 时，LJAM 的检测性能最佳，且 LJAM 在超像素分割下具有强健鲁棒性。

6.3.5 LJAM 的消融实验

图 6 – 9 是 LJAM 各模块与典型方法在公开数据集 CSSD 和 SOD 上测试得到的 PR 曲线图和 F – measure 曲线图。图 6 – 9（a）是前景紧凑性方法和元胞自动机优化机制分别在 CSSD 中测试得到的 PR 曲线和 F – measure 曲线，从图中可看出基于强化图的前景紧凑性方法（S_{com}^+）比典型 DC 方法（S_{com}）的检测性能更佳，基于强化影响因子矩阵建立的元胞自动机（SCA^+）的优化性能明显优于原元胞自动机（SCA）的优化性能。图 6 – 9（b）是前景紧凑性方法和元胞自动机优化机制分别在 SOD 中测试得到的 PR 曲线和 F – measure 曲线，进一步验证了本章所提出的强

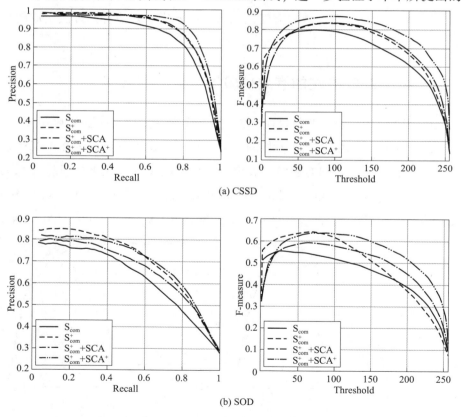

(a) CSSD

(b) SOD

图 6 – 9 LJAM 各模块强化图在数据集 CSSD 和 SOD 上测试出的
PR 曲线和 F – measure 曲线（"＋"表示强化图）

化图和强化影响因子矩阵的有效性和优越性。同时，表6－7和表6－8给出了 LJAM 的强化前景紧凑性计算方法(S_{com}^+)和强化元胞自动机优化机制(SCA^+)在数据集 CSSD 和 SOD 上测试出的 MAE、AUC、OR 和 WF 的指标值，进一步展现了 LJAM 在两个模块中构建的强化图矩阵和强化影响因子矩阵可以有效提高对应图方法的检测准确度。

表6－7　各模块强化图在数据集 CSSD 上测试出的各项指标值("＋"表示强化图方法)

方法	MAE	AUC	OR	WF
S_{com}	0.1599	0.8257	0.6618	0.5309
S_{com}^+	0.1233 ↓	0.8287 ↑	0.6642 ↑	0.6616 ↑
$S_{com}^+ + SCA$	0.1340 ↑	0.8295 ↑	0.6248 ↓	0.6487 ↓
$S_{com}^+ + SCA^+$	0.1084 ↓	0.8349 ↑	0.7028 ↑	0.7007 ↑

注：↑表示值越大性能越好，↓表示值越小性能越好。

表6－8　各模块强化图在数据集 SOD 上测试出的各项指标值("＋"表示强化图方法)

方法	MAE	AUC	OR	WF
S_{com}	0.2553	0.6665	0.3440	0.3168
S_{com}^+	0.2193 ↓	0.7286 ↑	0.4438 ↑	0.4505 ↑
$S_{com}^+ + SCA$	0.2243 ↑	0.7178 ↓	0.3866 ↓	0.4273 ↓
$S_{com}^+ + SCA^+$	0.2302 ↑	0.7436 ↑	0.4365 ↓	0.4735 ↑

注：↑表示值越大性能越好，↓表示值越小性能越好。

6.3.6　强化图的优越性和拓展性验证

图6－10是将本章设计的图强化方法用于其他基于典型图的显著性目标检测方法中，以此测试输出的 PR 曲线和 F－measure 曲线，图中浅色线代表典型方法的实验结果，对应的亮色线(深色线)表示强化图得到的实验结果。在富含语义特性的场景数据集 CSSD 和复杂场景数据集 SOD 中，经验证，强化图得到的 PR 曲线、F－measure 曲线皆高于典型方法的 PR 曲线、F－measure 曲线。从图6－10中观察和比对可知，本章构建的强化图思想在不同图方法中获得了较好的实验结果，表明图强化思想具有可期的拓展性和优越性。

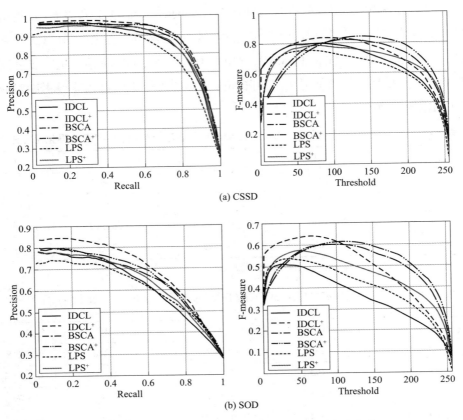

图6-10　强化图在不同图的显著性目标检测方法中的
PR 曲线和 F-measure 曲线（"+"表示强化图）

6.4　本章小结

本章提出了基于联合亲和图矩阵和强化图的显著性目标检测方法（LJAM）。对比 CDCMG，LJAM 中的多种低层图像特征可以更充分地表达前景和背景的差异性。随后学习亲和图矩阵，并分别与传统图矩阵和元胞自动机的传统影响因子矩阵进行结合，从而获得强化图和强化影响因子矩阵。综合定量和定性实验对比、各模块实验测试和分析、强化图在不同图方法中的有效性验证，充分证实了本章所提出的强化图的可行性和优越性，以及 LJAM 的性能优于现有基于低层图像特征的自底向上显著性目标检测方法的性能。

第7章　基于三层强化图扩散的
显著性目标检测

7.1　引言

前文中基于图的显著性目标检测方法（LJAM），是从图矩阵、图顶点的自适应邻域和全局相似矩阵三方面展开研究的，有效提升了图方法面向图像显著性目标检测的性能。它们的主要工作是利用多视角稀疏子空间聚类算法，学习并探测多种低层图像特征的图矩阵、全局相似矩阵和图顶点自适应邻域。但是，当图像前景和背景在外观上极度相似，背景中呈现多个外观特征不同的聚类区域时，增大了提取显著性目标的挑战性，因此图方法仅采用低层图像特征是无法在这类复杂图像场景中得到正确的显著性目标的。根据人眼感知的选择特性，这类复杂图像场景的显著性目标一般是具有丰富语义信息的物体，如行人、动物、交通工具、花等，更加吸引人眼注意。在此感知特性的启发下，Long 等通过对深度神经网络（FCNs）的训练和学习，得到图像的高层语义信息 FCN－32s，并用于解决语义目标分割问题。在显著性目标检测中，FCN－32s 高层语义信息的 Conv5 层和 Conv1 层，可以有效表达复杂图像场景的显著性目标。AME 方法通过提取高层语义信息模拟构成吸收马尔可夫方法。BSCA 方法采用高层语义信息建立了元胞自动机的影响因子矩阵，提升了元胞自动机的同步更新性能。Xia 等利用高层语义信息，在背景散度和前景紧凑性的指导下通过图方法提取显著性目标。Deng 等基于高层语义信息设计了自适应加权的流形排序机制。LRR 方法在局部回归排序机制中，通过互扩散优化方法融合 Conv5 层和 Conv1 层建立的传统图矩阵。上述方法都是基于边界先验设计的，先后对背景种子和前景种子的扩散处理是采用了相同的图矩阵，无法进一步弥补图中丢失的信息，前景种子的分割方法不准确也会直接导致最终显著图的准确度下降。

针对上述问题，本章提出基于三层强化图扩散的显著性目标检测方法（RGD-3）。RGD-3借鉴了第4章方法提出的强化图思想，采用低层图像特征、高层语义信息和显著性信息建立的三层强化图。RGD-3生成显著图的改进效果如图7-1所示，它的主要贡献有：

1）为了克服前景种子分割方法带来的不准确性，将第一层图获得的显著性概率值嵌入第二层强化图，以此代替图像分割技术，同时还可以在一定程度上提高显著图的完整性和均质性。

2）第三层构建了强化元胞自动机机制，对显著图的准确度进行进一步优化提高。在该方法中通过交叉融合机制对基于低层图像特征和高层语义信息的影响因子矩阵进行结构融合，并同时嵌入已有的显著性信息。

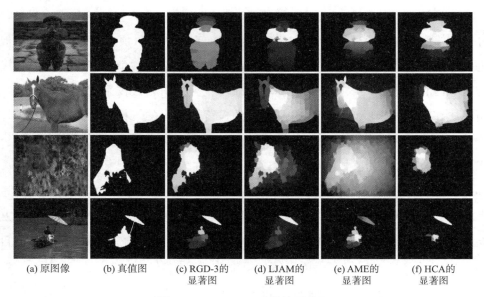

(a) 原图像　　(b) 真值图　　(c) RGD-3的　　(d) LJAM的　　(e) AME的　　(f) HCA的
　　　　　　　　　　　　　　显著图　　　　显著图　　　　显著图　　　　显著图

图7-1　RGD-3改进的显著图

7.2　RGD-3方法概述

本章提出基于三层强化图扩散的显著性目标检测方法，主体流程如图7-2

所示。RGD - 3 的简要步骤：第一步，将图像分割为超像素图并提出图像的多类低层特征和高层语义信息；第二步，构建多类低层特征、深度特征的传统图，学习多类低层特征、深度特征的联合亲和图矩阵；第三步，建立第一层强化图以计算前景紧凑性显著图；第四步，计算背景先验显著图并与前景显著图融合，这里采用已有显著信息建立第二层强化图并在流形排序学习下优化显著图；第五步，建立强化 SCA 同步更新机制，实现显著图的优化。

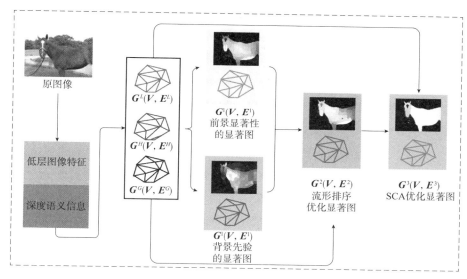

图 7 - 2 RGD - 3 算法流程图

7.2.1 图像特征提取

针对超像素图 $\boldsymbol{P} = \{p_1, p_2, \cdots, p_N\}$，采用第 5 章的多种低层特征和中层先验特征，同时经过 FCN - 32s 训练提取图像在第五池层（Conv5）和第一池层（Conv1）的高层语义信息。

7.2.2 亲和图矩阵和传统图

1. 联合亲和图矩阵学习

多类低层图像特征表示为 $\boldsymbol{X}_{\text{low}} = [\boldsymbol{X}_{\text{low}}^{(1)}; \boldsymbol{X}_{\text{low}}^{(2)}; \cdots; \boldsymbol{X}_{\text{low}}^{(V)}] \in \mathbb{R}^{\sum\limits_{v=1}^{V} d_{\text{low}}^{(v)} \cdot N}$；两层高

层语义信息表示为 $X_{\text{deep}} = \left[X_{\text{deep}}^{(1)} ; X_{\text{deep}}^{(2)} \right] \in \mathbb{R}^{\sum\limits_{v=1}^{2} d_{\text{low}}^{(v)} \cdot N}$，根据第 3 章学习联合亲和图矩阵 A^z，即

$$A^z = \frac{\hat{Z} + \hat{Z}^{\mathrm{T}}}{2} \qquad (7-1)$$

同样，联合亲和图矩阵需要进行标准化处理，得到规范化的联合亲和图矩阵 $A^{z*} = \left[a_{ij}^{z*} \right]_{N \times N}$，即

$$A^{z*} = \left(D^z \right)^{-1} \cdot A^z \qquad (7-2)$$

式中，度矩阵 $D^z = \text{diag} \left\{ d_{11}^z, d_{22}^z, \cdots, d_{NN}^z \right\}$，$d_{ii}^z = \sum\limits_{j} a_{ij}^z$。

2. 传统图矩阵构建

基于多种低层图像特征，可得全局相似矩阵中两个超像素点的相似性值为

$$a_{ij}^{(l)} = e^{-\frac{\left[\lambda_1 \left\| \bar{x}_i^{(l_1)} - \bar{x}_j^{(l_1)} \right\| + \lambda_2 \left\| \bar{x}_i^{(l_2)} - \bar{x}_j^{(l_2)} \right\| \right]}{2\sigma^2}} \qquad (7-3)$$

式中，$\bar{x}_i^{(l_1)}$、$\bar{x}_i^{(l_2)}$ 分别为超像素点 p_i 的三维 CIElab 颜色特征平均值和 p_i 的其他低层特征平均值；λ_1、λ_2 为静态参数。

赋予图顶点 p_i 邻域集 Ω_i，则传统图矩阵 $W^{(l)} = \left[w_{ij}^{(l)} \right]_{N \times N}$ 中 $w_{ij}^{(l)}$ 的表达式为

$$w_{ij}^{(l)} = \begin{cases} a_{ij}^{(l)}, & j \in \Omega_i \\ 0, & \text{其他} \end{cases} \qquad (7-4)$$

同理，基于高层语义信息的两个顶点之间的相似性度量为

$$a_{ij}^{(h)} = e^{-\frac{\left[\lambda_3 \left\| \bar{x}_i^{(h_1)} - \bar{x}_j^{(h_1)} \right\| + \lambda_4 \left\| \bar{x}_i^{(h_2)} - \bar{x}_j^{(h_2)} \right\| \right]}{2\sigma^2}} \qquad (7-5)$$

式中，$\bar{x}_i^{(h_1)}$、$\bar{x}_i^{(h_2)}$ 分别为高层语义信息 Conv1 和高层语义信息 Conv5 在超像素点 p_i 中的特征平均值；λ_3、λ_4 为静态参数。

根据图顶点 p_i 邻域集 Ω_i 的分配，可以得到图矩阵 $W^{(h)} = \left[w_{ij}^{(h)} \right]_{N \times N}$，其中 $w_{ij}^{(h)}$ 的表达式为

$$w_{ij}^{(h)} = \begin{cases} a_{ij}^{(h)}, & j \in \Omega_i \\ 0, & \text{其他} \end{cases} \qquad (7-6)$$

7.2.3 第一层强化图中的前景显著值计算

对于前景紧凑性的流形排序机制，本节融合了低层传统图矩阵和高层传统图

矩阵，并以此建立第一层常规图。

计算初始传统图矩阵 $\boldsymbol{W}^{(G_0)} = \left[w_{ij}^{(G_0)} \right]_{N \times N}$，其元素 $w_{ij}^{(G_0)}$ 为

$$w_{ij}^{(G_0)} = \begin{cases} \sqrt{\left[w_{ij}^{(l)} \right]^2 + \left[w_{ij}^{(h)} \right]^2}, & j \in \Omega_i \\ 0, & \text{其他} \end{cases} \tag{7-7}$$

基于第 5 章强化图的优越性，我们采用联合亲和图矩阵增强传统图，得到第一层强化图矩阵 $\boldsymbol{W}^{(G_1)} = \left[w_{ij}^{(G_1)} \right]_{N \times N}$，即

$$w_{ij}^{(G_1)} = a_{ij}^{z*} \cdot w_{ij}^{(G_0)} \cdot a_{ji}^{z*} \tag{7-8}$$

受强化图思想的启发，我们同样利用联合亲和图矩阵增强传统的全局相似矩阵，得到强化全局相似矩阵。这种方法有助于更好地在聚类层面体现前景结构信息和背景结构信息的差异性。强化全局相似矩阵 $\boldsymbol{A} = \left[a_{ij} \right]_{N \times N}$，$a_{ij}$ 的表达式为

$$a_{ij} = a_{ij}^{z*} \cdot \sqrt{\left[a_{ij}^{(l)} \right]^2 + \left[a_{ij}^{(h)} \right]^2} \cdot a_{ji}^{z*} \tag{7-9}$$

将强化图矩阵嵌入加权流形排序机制，并用其对强化全局相似矩阵进行扩散，即

$$\boldsymbol{H}^{\mathrm{T}} = \left\{ \boldsymbol{I} - \alpha \left[\boldsymbol{D}^{(G_1)} \right]^{-1} \boldsymbol{W}^{(G_1)} \right\}^{-1} \left[\boldsymbol{D}^{(G_1)} \right]^{-1/2} \boldsymbol{A} \tag{7-10}$$

式中，$\boldsymbol{I}$ 为 N 阶单位矩阵；$\boldsymbol{D}^{(G_1)}$ 为 $\boldsymbol{W}^{(G_1)}$ 的度矩阵。

基于扩散后的相似矩阵 $\boldsymbol{H}$，根据中心先验和空间紧凑性计算图像的显著值，具体过程如下：

1）结合 $\boldsymbol{H}$ 和空间偏差估计，计算每个超像素点 p_i 的紧凑性显著值。

$$sv(i) = \frac{\sum_{j=1}^{N} h_{ij} \cdot n_j \cdot \| b_j - o_i \|}{\sum_{j=1}^{N} h_{ij} \cdot n_j} \tag{7-11}$$

$$o_j^x = \frac{\sum_{j=1}^{N} h_{ij} \cdot n_j \cdot b_j^x}{\sum_{j=1}^{N} h_{ij} \cdot n_j}, o_j^y = \frac{\sum_{j=1}^{N} h_{ij} \cdot n_j \cdot b_j^y}{\sum_{j=1}^{N} h_{ij} \cdot n_j} \tag{7-12}$$

2）结合 $\boldsymbol{H}$ 和中心先验假设，度量超像素点 p_j 的紧凑性显著值。

$$sv(i) = \frac{\sum_{j=1}^{N} h_{ij} \cdot n_j \cdot \| b_j - p \|}{\sum_{j=1}^{N} h_{ij} \cdot n_j} \tag{7-13}$$

3)结合空间偏差值和中心偏差值,生成显著值。

$$S_{\text{com}} = 1 - \text{norm}(\boldsymbol{sv} + \boldsymbol{sd}) \qquad (7-14)$$

7.2.4 第二层强化图中的前景和背景显著值计算

根据文献[106]统计,21%的显著性目标与图像下边界相连接。因此,本小节采用位于图像上、左和右边界中的超像素块作为背景种子,并通过加权流形排序机制获得图像的显著图。

给出背景种子向量 $\boldsymbol{y}_s = [y_1, y_2, \cdots, y_N]^{\text{T}}$。如果超像素点 p_i 是图像边界种子,则 $y_i = 1$;否则,$y_i = 0$。从而得出加权流形排序学习为

$$\boldsymbol{S}_s = \{\boldsymbol{I} - \alpha[\boldsymbol{D}^{(G_1)}]^{-1}\boldsymbol{W}^{(G_1)}\}^{-1}[\boldsymbol{D}^{(G_1)}]^{-1/2}\boldsymbol{y}_s \qquad (7-15)$$

基于上、左和右图像边界得到对应的显著图 $\boldsymbol{S}_t$、$\boldsymbol{S}_l$ 和 $\boldsymbol{S}_r$,将其融合得到最终的背景显著图 $\boldsymbol{S}_b$,即

$$\boldsymbol{S}_b = 1 - \text{norm}(\boldsymbol{S}_t \circ \boldsymbol{S}_l \circ \boldsymbol{S}_r) \qquad (7-16)$$

融合前景紧凑性显著图 $\boldsymbol{S}_f = [\boldsymbol{S}_f(1), \boldsymbol{S}_f(2), \cdots, \boldsymbol{S}_f(N)]^{\text{T}}$ 和背景先验的显著图 $\boldsymbol{S}_b$,从而得到第一层图的显著图 $\boldsymbol{S}_1$ 为

$$\boldsymbol{S}_1 = \boldsymbol{S}_f + \boldsymbol{S}_b \qquad (7-17)$$

通过上述公式得到的显著图 $\boldsymbol{S}_1$ 中显著区域比较完整,但是部分背景信息被增强且前景区域的均质性一般。为了避免 GMR 方法中前景种子分割方法带来的不足,本节为流形排序机制重新构建第二层强化图,将已有的显著性信息 $\boldsymbol{S}_1$ 嵌入强化图中,然后采用联合亲和图矩阵对显著信息的图进行强化处理,这样可以一定程度上消除显著图 $\boldsymbol{S}_1$ 中多余的背景信息。

第二层强化图定义为 $\boldsymbol{W}^{(G_2)} = [w_{ij}^{(G_2)}]_{N \times N}$,其中,元素 $w_{ij}^{(G_2)}$ 的表达式为

$$w_{ij}^{(G_2)} = w_{ij}^{(G_1)} + a_{ij}^{z*} \cdot w_{ij}^{(S_f)} \cdot a_{ji}^{z*} \qquad (7-18)$$

通过第二层强化图建立流形排序学习,得到第二层强化图生成的显著图 $\boldsymbol{S}_2$,即

$$\boldsymbol{S}_2 = \{\boldsymbol{I} - \alpha[\boldsymbol{D}^{(G_2)}]^{-1}\boldsymbol{W}^{(G_2)}\}^{-1}[\boldsymbol{D}^{(G_2)}]^{-1/2}\boldsymbol{S}_1 \qquad (7-19)$$

式中,$\boldsymbol{D}^{(G_2)}$ 为 $\boldsymbol{W}^{(G_2)}$ 的度矩阵。

7.2.5　第三层强化图——SCA 显著图优化

基于第二层强化图方法优化处理后的显著区域在均质性方面得到了提升，但是依旧存在部分背景区域。由第 4 章可知，SCA 同步更新机制对显著图的优化具有稳定的鲁棒性，优化效果明显。本小节同样采用 SCA 更新机制对显著图进行优化，精准优化显著区域，消除多余的背景信息并保留 S_2 的均质性。

通过交叉融合方法对传统影响因子矩阵 $\boldsymbol{W}^{(h)}$ 和 $\boldsymbol{W}^{(l)}$ 进行结构融合，得到新的影响因子矩阵 $\boldsymbol{F} = [F_{ij}]_{N \times N}$，其中，元素 F_{ij} 的表达式为

$$F_{ij} = \overline{w}_{ij}^{l} \cdot w_{ij}^{h} \cdot \overline{w}_{ji}^{l} + \overline{w}_{ij}^{h} \cdot w_{ij}^{l} \cdot \overline{w}_{ji}^{h} \tag{7-20}$$

其中，$\overline{w}_{ij}^{l} = w_{ij}^{l} \Big/ \sum\limits_{j=1}^{N} w_{ij}^{l}, \overline{w}_{ij}^{h} = w_{ij}^{h} \Big/ \sum\limits_{j=1}^{N} w_{ij}^{h}$。

为了进一步消除显著图中被突出的背景信息，均匀增强显著区域，采用第一层图和第二层图的显著信息值建立影响因子矩阵，并结合影响因子矩阵 $\boldsymbol{F}$，得到第三层强化图即强化影响因子矩阵 $\boldsymbol{F}^{(G_3)} = [F_{ij}^{(G_3)}]_{N \times N}$，其中，元素 $F_{ij}^{(G_3)}$ 的表达式为

$$F_{ij}^{(G_3)} = a_{ij}^{z*} \cdot F_{ij} \cdot a_{ji}^{z*} + a_{ij}^{z*} \cdot w_{ij}^{(S_{\text{prior}})} \cdot a_{ji}^{z*} \tag{7-21}$$

其中，$\boldsymbol{W}^{(S_{\text{prior}})} = [w_{ij}^{(S_{\text{prior}})}]_{N \times N}$ 是采用显著性信息 S_{prior} 计算出的常规图矩阵，其计算公式为

$$S_{\text{prior}} = \max(S_f, \ S_1) + \text{norm}(S_f + S_1) \tag{7-22}$$

式中，$\max(S_f, \ S_1)$ 为求每个超像素点在显著图 S_f 和 S_1 的最大显著值。

行标准化的强化影响因子矩阵 $\overline{\boldsymbol{F}}^{(G_3)} = [\overline{F}_{ij}^{(G_3)}]_{N \times N}$ 为

$$\overline{\boldsymbol{F}}^{(G_3)} = [\boldsymbol{D}^{(G_3)}]^{-1} \cdot \boldsymbol{F}^{(G_3)} \tag{7-23}$$

其中，$\boldsymbol{D}^{(G_3)} = \text{diag}\{d_{11}^{(G_3)}, \ d_{22}^{(G_3)}, \ \cdots, \ d_{NN}^{(G_3)}\}$，$d_{ii}^{(G_3)} = \sum\limits_{j} F_{ij}^{(G_3)}$。对应的置信度矩阵 $\boldsymbol{C} = \text{diag}\{c_1, \ c_2, \ \cdots, \ c_N\}$，其中，元素 c_i 的表达式为

$$c_i = \frac{1}{\max[F_{ij}^{(G_3)}]} \tag{7-24}$$

约束置信度矩阵 $\boldsymbol{C}^* = \text{diag}\{c_1^*, \ c_2^*, \ \cdots, \ c_N^*\}$，其元素 c_i^* 为

$$c_i^* = a \cdot \frac{c_j - \min(c_j)}{\max(c_j) - \min(c_j)} + b \tag{7-25}$$

式中，根据典型方法 BSCA 设置 $a = 0.6$，$b = 0.2$，以确保每个元胞的显著值可以

更新为一个稳定且精确的状态。

通过影响因子矩阵和置信度矩阵，建立同步更新演化机制 $S_{com} \rightarrow S$，即

$$S^{t+1} = C^* \cdot S^t + (I - C^*) \cdot F^{(G_3)} \cdot S^t \qquad (7-26)$$

式中，I 为 N 阶单位矩阵；当 $t = 0$ 时，S^0 为上述获得的基于前景紧凑性计算的显著图，即当 $t = 0$ 时，$S^0 = S_{prior}$。

图 7-3 展示了三层图方法分别生成的显著图，由图可知，RGD-3 设计的第一层和第二层扩散机制生成的显著图可以实现互补的效果，这主要是因为第二层融合了第一层计算出的显著性信息值。综合对比，RGD-3 设计的三层图对显著区域的均质性和完整性实现了稳步提升。

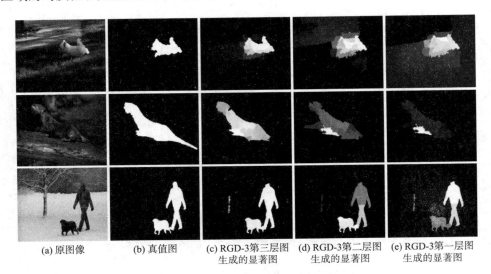

(a) 原图像　　(b) 真值图　　(c) RGD-3第三层图　(d) RGD-3第二层图　(e) RGD-3第一层图
　　　　　　　　　　　　　生成的显著图　　生成的显著图　　生成的显著图

图 7-3　RGD-3 各阶层图输出的显著图

7.3　实验和分析

在 4 个公开数据集 ECSSD、SOD、HUK-IS 和 DUTOMRON 上测试本章方法和其他典型方法，实验中常用的 11 种典型方法有：SMD、2LSG、DRFI、MCDL、MDF、LEGS、KSR、HCA、AME、Capsal 和 MWS（后 9 种如表 7-1 所示）。实验结果的对比和分析从定量、定性两个角度展开。另外，实验验证了 RGD-3 对不同尺度分割下的超像素的鲁棒性和每层强化图设计的有效性。本章定量评价指标

有：PR 曲线、S - measure、F - measure、E - measure、MAE、AUC、OR 和 WF
的指标值。

表 7 - 1　典型方法

理论	特征	方法
深度学习	高层图像特征	MWS, Capsal, MCDL, MDF, LEGS
无监督图	FCN - 32s	AME, HCA
监督学习	低层图像特征	KSR, DRFI

注：每种理论对应的方法，从左往右，按照性能由高到低排列。

7.3.1　RGD - 3 实现细节

RGD - 3 的测试实验是在配置为 CPU：Intel i5 - 8400 8.00GB RAM 的计算机
上实现的。为了验证工作中超像素数目对实验效果的影响，本小节设定超像素数目
为 200、250、300，测试在数据集 ECSSD 上的 PR 曲线。由图 7 - 4 可知，RGD -
3 对超像素数目的鲁棒性较强。为了捕获目标区域的细节信息同时降低方法的复
杂度，本章设定超像素数目 N 为 250。在传统低层图像特征的图矩阵计算公式
(7 - 3)和深度语义信息的图矩阵计算公式(7 - 5)中，静态参数 λ_1、λ_2、λ_3 和 λ_4
都设置为 0.5，其他相关参数与第 5 章一致。

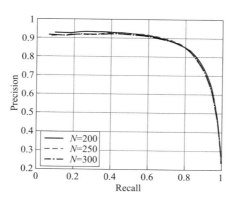

图 7 - 4　多尺度超像素下 RGD - 3 在数据集 ECSSD 中的 PR 曲线

7.3.2　定量对比和分析

下面从客观角度验证和分析 RGD - 3 与 11 个典型方法在 4 个公开数据集 EC-

SSD、SOD、HUK – IS、DUTOMRON 上的有效性和优越性。

图 7 – 5 展示了所有方法在 4 个公开数据集中测试得到的 PR 曲线。由图可知，在 ECSSD 中，除了深度学习方法 Capsal 和 MWS 的 PR 曲线，RGD – 3 的 PR 曲线高于其他方法对应的 PR 曲线；在 SOD 中，RGD – 3 的 PR 曲线低于 AME、MDF、MWS 的 PR 曲线；在 HUK – IS 中，RGD – 3 的 PR 曲线略低于 AME、Capsal 和 MWS 的 PR 曲线；在 DUTOMRON 中，RGD – 3 的 PR 曲线仅低于 MWS 的 PR 曲线。综上所述，RGD – 3 的性能达到 AME 和 MDF 的水平，仅次于 Capsal 和 MWS 的性能。

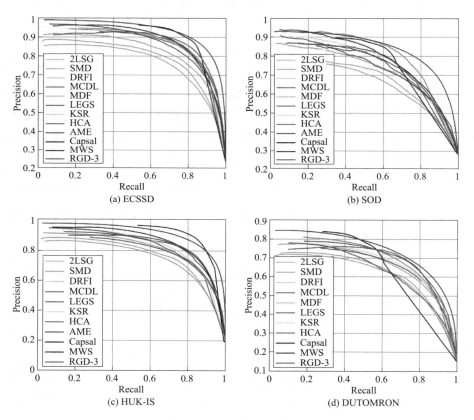

图 7 – 5　RGD – 3 和典型方法在公开数据集中的 PR 曲线

表 7 – 2 ~ 表 7 – 5 展示了所有方法分别在 4 个公开数据集中的 S – measure、E – measure、F – measure、MAE、AUC、OR 和 WF 的指标值。综合在 4 个公开数据集中的定量对比，RGD – 3 的性能高于现有的先进图方法的性能，仅次于深度学习方法 MWS 和 Capsal 的性能。

表 7 - 2　RGD - 3 和典型方法在公开数据集 ECSSD 中的各项指标值

方法	S - measure ↑	E - measure ↑	F - measure ↑	MAE ↓	AUC ↑	OR ↑	WF ↑
SMD	0.734	0.800	0.712	0.173	0.811	0.560	0.537
2LSG	0.702	0.786	0.703	0.181	0.795	0.541	0.510
DRFI	0.752	0.816	0.733	0.164	0.833	0.584	0.542
MCDL	0.803	0.865	0.796	0.101	0.813	0.658	0.728
MDF	0.776	0.846	0.807	0.105	0.799	0.646	0.705
LEGS	0.787	0.846	0.785	0.118	0.815	0.635	0.688
KSR	0.764	0.839	0.782	0.132	0.822	0.627	0.633
AME	0.775	0.824	0.792	0.168	0.832	0.629	0.586
HCA	0.707	0.825	0.778	0.119	0.781	0.616	0.674
Capsal	0.826	0.850	0.825	0.077	0.813	0.771	0.700
MWS	0.828	0.884	0.840	0.096	0.847	0.712	0.716
RGD - 3	0.801	0.851	0.795	0.129	0.842	0.667	0.645

注：↑表示值越大性能越好，↓表示值越小性能越好。

表 7 - 3　RGD - 3 和典型方法在公开数据集 SOD 中的各项指标值

方法	S - measure ↑	E - measure ↑	F - measure ↑	MAE ↓	AUC ↑	OR ↑	WF ↑
SMD	0.632	0.702	0.606	0.234	0.733	0.419	0.457
2LSG	0.591	0.670	0.606	0.254	0.702	0.378	0.420
DRFI	0.625	0.714	0.626	0.226	0.752	0.437	0.438
MCDL	0.652	0.751	0.674	0.180	0.715	0.478	0.559
MDF	0.677	0.739	0.721	0.159	0.720	0.506	0.596
LEGS	0.659	0.739	0.681	0.195	0.728	0.489	0.556
KSR	0.633	0.722	0.697	0.197	0.735	0.467	0.506
AME	0.633	0.704	0.677	0.229	0.752	0.454	0.490
HCA	0.639	0.702	0.634	0.203	0.694	0.435	0.537

续表

方法	S − measure ↑	E − measure ↑	F − measure ↑	MAE ↓	AUC ↑	OR ↑	WF ↑
Capsal	0.698	0.712	0.681	0.146	0.714	0.516	0.602
MWS	0.702	0.776	0.734	0.166	0.775	0.550	0.577
RGD − 3	0.684	0.748	0.678	0.203	0.766	0.504	0.531

注：↑表示值越大性能越好，↓表示值越小性能越好。

表 7 − 4　RGD − 3 和典型方法在公开数据集 HUK − IS 中的各项指标值

方法	S − measure ↑	E − measure ↑	F − measure ↑	MAE ↓	AUC ↑	OR ↑	WF ↑
SMD	0.726	0.815	0.689	0.157	0.825	0.549	0.512
2LSG	0.692	0.807	0.663	0.166	0.808	0.539	0.479
DRFI	0.735	0.831	0.738	0.148	0.849	0.571	0.498
MCDL	0.786	0.869	0.757	0.092	0.828	0.628	0.688
MDF	0.779	0.867	0.826	0.089	0.820	0.652	0.697
LEGS	0.742	0.836	0.723	0.119	0.813	0.577	0.615
KSR	0.729	0.844	0.760	0.120	0.824	0.595	0.586
HCA	0.743	0.824	0.740	0.113	0.786	0.581	0.628
AME	0.765	0.860	0.772	0.137	0.845	0.636	0.573
Capsal	0.851	0.901	0.840	0.058	0.844	0.745	0.780
MWS	0.818	0.895	0.814	0.084	0.867	0.704	0.685
RGD − 3	0.786	0.851	0.749	0.109	0.851	0.636	0.627

注：↑表示值越大性能越好，↓表示值越小性能越好。

表 7 − 5　RGD − 3 和典型方法在公开数据集 DUTOMRON 中的各项指标值

方法	S − measure ↑	E − measure ↑	F − measure ↑	MAE ↓	AUC ↑	OR ↑	WF ↑
SMD	0.680	0.728	0.572	0.166	0.809	0.44	0.424
2LSG	0.664	0.741	0.573	0.177	0.795	0.494	0.406
DRFI	0.696	0.738	0.623	0.155	0.857	0.451	0.408

续表

方法	S – measure ↑	E – measure ↑	F – measure ↑	MAE ↓	AUC ↑	OR ↑	WF ↑
MCDL	0.752	0.789	0.625	0.089	0.827	0.529	0.587
MDF	0.721	0.799	0.644	0.092	0.795	0.518	0.524
LEGS	0.714	0.757	0.591	0.133	0.810	0.489	0.486
KSR	0.707	0.758	0.639	0.131	0.825	0.487	0.486
HCA	0.671	0.701	0.539	0.156	0.776	0.438	0.475
AME	0.613	0.713	0.692	0.271	0.841	0.425	0.283
Capsal	0.674	0.702	0.564	0.101	0.735	0.467	0.483
MWS	0.756	0.763	0.609	0.109	0.860	0.524	0.528
RGD – 3	0.723	0.767	0.696	0.124	0.839	0.516	0.482

注：↑表示值越大性能越好，↓表示值越小性能越好。

7.3.3 定性对比和分析

图 7 –6 展示了 RGD – 3 和典型方法在公开数据集 ECSSD、SOD、HUK – IS 和 DUTOMRON 中的示例显著图。

由图 7 – 6 可知，ECSSD 第一行和第二行、DUTOMRON 第二行的图像场景中显著性目标与图像边界连接、显著性目标尺寸较大，对比典型方法的显著图，RGD – 3 生成的显著图准确度更高，更接近真值图像。尤其是对于 ECSSD 第三行的图像场景，除了 Capsal 对应的显著图，RGD – 3 的显著图优于其他方法的显著图。DUTOMRON 第一行至第三行中图像场景中的显著性目标不具备语义信息，第三行图像场景中的显著性目标尺寸较小、背景结构混乱，大多典型方法都无法获得显著区域，而 RGD – 3 提取的显著性目标近似真值目标。HUK – IS 的图像场景中包含多个显著性目标，视觉对比之下，RGD – 3 生成的显著图优于其他方法生成的显著图。在其余图像场景中，显著性目标与背景区域在外观特征上相似，但是因为显著性目标具备丰富的语义特性，虽然大多数测试方法都能得到显著性目标，但是 RGD – 3 显著图的准确度高于其他方法的显著图，特别是目标区域的边缘轮廓更精确。

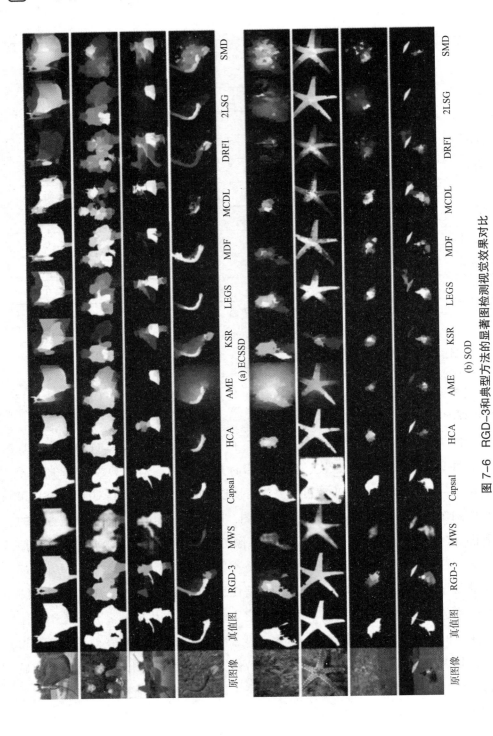

图 7-6 RGD-3和典型方法的显著图检测视觉效果对比

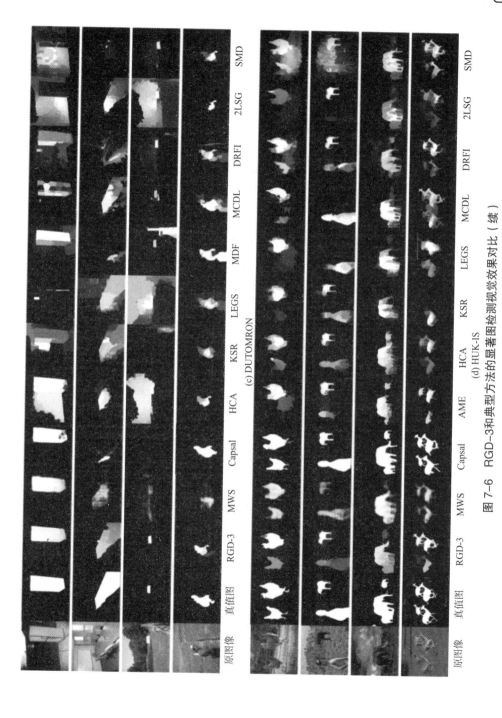

图7-6 RGD-3和典型方法的显著图检测视觉效果对比（续）

7.3.4 RGD-3 的消融实验

图 7-7 和图 7-8 是 RGD-3 设计的各个模块所对应的 PR 曲线和 F-meas-ure 曲线。本节实验是在每层显著性计算中分别采用本层所设计的图和上一层的图（PR 曲线中同种颜色的实线和虚线）测试出的 PR 曲线和 F-measure 曲线。图中"Stage3+graph$F^{(G_3)}$"和"Stage3+graph$W^{(G_2)}$"对应的 PR 曲线，展示了 SCA 中第三层图 $F^{(G_3)}$ 在第二层图 $W^{(G_2)}$ 的基础上取得的提升效果。"Stage2+graph$W^{(G_2)}$"和"Stage2+graph$W^{(G_1)}$"对应的 PR 曲线，展示了第二层图 $W^{(G_2)}$ 在第一层图 $W^{(G_1)}$ 的基础上的提升效果。"Stage1+graph$W^{(G_1)}$"和"Stage1+graph$W^{(G_0)}$"对应的 PR 曲线，展示了第一层图 $W^{(G_1)}$ 在图 $W^{(G_0)}$ 的基础上的提升效果。分别比较"Stage3+graph$F^{(G_3)}$""Stage2+graph$W^{(G_2)}$""Stage1+graph$W^{(G_1)}$"的 PR 曲线和 F-measure 曲线，可知每个阶层设计的图在显著性计算中的逐步提升效果。

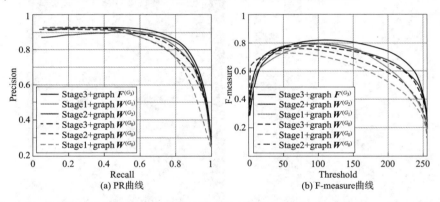

图 7-7　各模块亲和图矩阵在数据集 ECSSD 上测试出的 PR 曲线和 F-measure 曲线

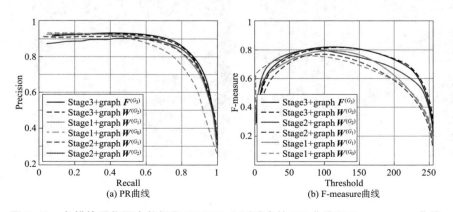

图 7-8　各模块强化图在数据集 ECSSD 上测试出的 PR 曲线和 F-measure 曲线

7.4　本章小结

本章提出了一种基于三层强化图扩散的显著性目标检测方法（RGD－3）。RGD－3结合低层图像特征和高层语义信息所建立的图，既能准确地提取复杂图像场景中的目标，又能完整地保留目标边界。显著性信息建立的强化图可以有效改善显著区域的均质性，抑制背景信息。定量和定性实验对比分析表明RGD－3的性能优于现有先进的自底向上显著性目标检测方法。消融实验验证了三层图在RGD－3中的逐步提升效果。

第8章　基于稀疏子空间聚类强化图的多尺度显著性目标检测

8.1　引言

自底向上图模型 GMR 是非常经典的显著性目标检测方法，以简单和高效的方式取得了很好的效果。该方法主要包括无向图构建和前景/背景种子选择两个方面。在显著性目标检测中，图的构建是一个关键问题。传统的图依赖于高斯核函数来计算单视图特征(CIElab 颜色)中的图矩阵，背景种子点遵循边界先验(边界块大部分是背景)。重要的是上述方法还有两个局限：一方面，无向图是由高斯核函数构造的，可能会受到噪声的影响；另一方面，它们没有有效利用多视角特征的一致性和互补性。这两个局限性都会降低显著性检测性能。为了解决这个问题，本书提出采用 LJAM 和 RGD - 3 在多视角低级特征上构建强化图，用于 RGB 场景显著性目标检测，且在实验中表明了强化图的有效性。

为了更进一步研究稀疏子空间聚类图对显著性目标检测的影响，本章在研究现有 LJAM 和 RGD - 3 方法的基础上，提出了一种新颖的基于稀疏子空间聚类强化图的多尺度显著性目标检测方法(MSPG)。该方法构建了两层多尺度强化图，并根据背景先验计算每个超像素的显著性值。利用高斯核函数计算传统的图矩阵，由此捕获多视角特征的局部结构。为了进一步刻画多视角特征的全局结构并消除多视角特征的噪声，利用多视角低秩稀疏子空间聚类生成共享亲和图矩阵，并对传统的图矩阵和相似度矩阵进行奇异值分解(Singular Value Decomposition, SVD)。为了利用多视角特征的一致性和互补性内在结构，本章利用基于多样性正则化的低秩表示和秩约束的多视角子空间聚类学习联合亲和图矩阵。基于以上图矩阵构建两层多尺度强化图，用于基于流形排序的显著性目标检测，实验效果如图 8 - 1 所示。本章的主要贡献如下：

1）为刻画多视角特征的全局结构并同时去除噪声，本章方法采用多视角低秩稀疏子空间聚类学习联合亲和图矩阵。

2）为进一步捕捉多视角特征的一致性和互补性内在结构，本章方法探索基于多样性正则化的低秩表示的多视图子空间聚类。

3）为了清晰地描述多视角特征的局部和全局结构，基于上述图矩阵构建了两层多尺度强化图。

4）大量实验表明，本章所提出的两层多尺度强化图在 5 个基准数据集上皆取得了比最先进的图更好的显著性性能。

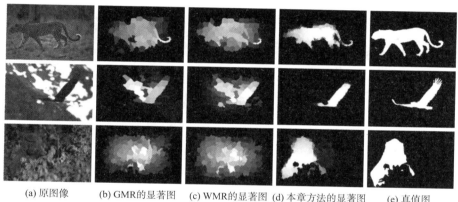

(a) 原图像　　(b) GMR的显著图　(c) WMR的显著图 (d) 本章方法的显著图　　(e) 真值图

图 8 - 1　MSPG 改进的显著图

8.2　MSPG 方法概述

本章提出基于稀疏子空间聚类强化图的多尺度显著性目标检测方法（MSPG），主体流程如图 8 - 2 所示。简要步骤：第一步，将图像分割为超像素图并提出图像的多类低层特征；第二步，构建多类低层特征的传统图，用多视角低秩稀疏子空间聚类生成共享亲和图矩阵；第三步，构建两层多尺度强化图，用于基于流形排序的显著性目标检测。

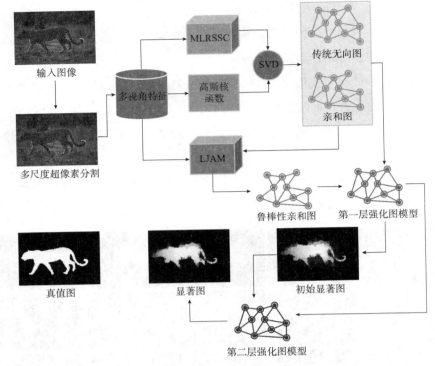

图 8-2 MSPG 算法流程图

8.2.1 提取图像特征

针对每一个尺度的超像素图 $P = \{p_1, p_2, \cdots, p_N\}$，采用 LJAM 方法中的多种低层特征作为本章提出的 MSPG 方法的多视角特征数据，表示为 $X = [X^{(1)}; X^{(2)}; \cdots; X^{(V)}]$，其中每个特征矩阵表示为 $X^{(v)} = \{x_1^{(v)}, x_2^{(v)}, \cdots, x_N^{(v)}\}$，具体特征信息如表 8-1 所示。

表 8-1 多视觉图像特征信息

种类	名称	维数	特点
颜色特征	RGB	3	红色（R：red），绿色（G：green），蓝色（B：blue）
	CIElab	3	亮度（L：lightness），a 的正数代表红色、负数代表绿色、b 的正数代表黄色、负数代表蓝色
	HSV	3	色调（H：hue），饱和度（S：saturation），色明度（V：value）

续表

种类	名称	维数	特点
边缘特征	可控金字塔滤波 （4 个方向，3 个尺度）	12	图像中不同区域的边缘特征
纹理特征	Gabor 滤波器特征 （12 个方向，3 个尺度）	36	图像中不同区域的纹理特征
	局部二值方法（LBP）	1	图像中不同区域的局部纹理特征
	四元数韦伯局部描述子	1	图像中不同区域的局部纹理特征
高层先验信息	颜色先验信息	1	图像中的热颜色（如红色、黄色、橙色等）更吸引人眼注意
	暗通道先验信息	1	显著性区域存在显著暗通道信息
	谱残差显著性信息	1	通过谱残差方法计算图像中的显著信息

8.2.2 传统图构造

基于传统图矩阵在显著性目标检测中的适用性，多视图特征中任意两个相邻节点 p_i 和 p_j 之间的相似度计算公式如下

$$w_{ij}^{(o)} = \begin{cases} e^{-\frac{\left\| x_i^{(o)} - x_j^{(o)} \right\|}{\sigma^2}}, & j \in \Omega_i \\ 0, & 其他 \end{cases} \tag{8-1}$$

$$w_{ij}^{(l)} = \begin{cases} e^{-\frac{\left\| x_i^{(l)} - x_j^{(l)} \right\|}{\sigma^2}}, & j \in \Omega_i \\ 0, & 其他 \end{cases} \tag{8-2}$$

式中，$\bar{x}_i^{(o)}$、$\bar{x}_i^{(l)}$ 分别为在超像素 p_i 上计算出的 CIElab 颜色特征的平均值和其他组合特征的平均值；σ 为静态参数；Ω_i 为 p_i 超像素邻域集。

对上述两个图矩阵 $\boldsymbol{W}^{(l)} = \left[w_{ij}^{(l)} \right]_{N \times N}$ 和 $\boldsymbol{W}^{(o)} = \left[w_{ij}^{(o)} \right]_{N \times N}$ 进行融合，本章方法中的融合方式如下

$$\boldsymbol{W}^{(T)} = \sqrt{\left[\boldsymbol{W}^{(l)} \right]^2 + \left[\boldsymbol{W}^{(o)} \right]^2} \tag{8-3}$$

8.2.3 稀疏子空间聚类的亲和图矩阵学习

多视图特征 $\boldsymbol{X} = \left[\boldsymbol{X}^{(1)}; \boldsymbol{X}^{(2)}; \cdots; \boldsymbol{X}^{(V)} \right]$ 应包含一致性信息，因为不同的特

征代表同一个输入图像。为了消除噪声的混淆，在低秩和稀疏约束下学习多视图共享的亲和图矩阵。

$$\min_{\boldsymbol{C}^{(v)}} \sum_{v=1}^{V} \left[\beta_1 \parallel \boldsymbol{C}^{(v)} \parallel_* + \beta_2 \parallel \boldsymbol{C}^{(v)} \parallel_1 + \lambda^{(v)} \parallel \boldsymbol{C}^{(v)} - \boldsymbol{C}^* \parallel_F^2 \right] \tag{8-4}$$
$$\text{s. t. } \boldsymbol{X}^{(v)} = \boldsymbol{X}^{(v)} \boldsymbol{C}^{(v)}, \text{diag}[\boldsymbol{C}^{(v)}] = 0$$

式中，$\boldsymbol{C}^{(v)}$ 为第 v 个特征的低秩表示矩阵；$\boldsymbol{C}^*$ 为多视角特征的共享低秩表示矩阵；β_1、β_2、$\lambda^{(v)}$ 分别为低秩之间的平衡系数。

采用文献[122]求解该目标函数的优化问题，获得共享亲和图矩阵

$$\boldsymbol{W}^{(C)} = \frac{|\boldsymbol{C}^*| + |\boldsymbol{C}^*|^{\mathrm{T}}}{2} \tag{8-5}$$

为了更好地利用传统图矩阵 $\boldsymbol{W}^{(T)}$ 和亲和图矩阵 $\boldsymbol{W}^{(C)}$ 的优势，将它们融合

$$\boldsymbol{W}^{(TC)} = [\overline{\boldsymbol{W}}^{(C)}]^{\mathrm{T}} \circ \boldsymbol{W}^{(T)} \circ \overline{\boldsymbol{W}}^{(C)} + [\overline{\boldsymbol{W}}^{(T)}]^{\mathrm{T}} \circ \boldsymbol{W}^{(C)} \circ \overline{\boldsymbol{W}}^{(T)} \tag{8-6}$$

$$\overline{\boldsymbol{W}}^{(C)} = \boldsymbol{U}^{(C)} \Sigma [\boldsymbol{V}^{(C)}]^{\mathrm{T}}, \quad \overline{\boldsymbol{W}}^{(T)} = \boldsymbol{U}^{(T)} \Sigma [\boldsymbol{V}^{(T)}]^{\mathrm{T}} \tag{8-7}$$

式(8-7)表示对传统图矩阵 $\boldsymbol{W}^{(T)}$ 和亲和图矩阵 $\boldsymbol{W}^{(C)}$ 进行奇异值分解（SVD）。具有全局聚类特性的 $\boldsymbol{W}^{(TC)}$ 可以用来优化传统图的邻域集。为了充分利用多视角特征之间的一致性和互补性信息，将图正则项和秩约束同时混合形成目标函数来学习联合亲和图矩阵

$$\min_{\hat{\boldsymbol{Z}}, \boldsymbol{E}^{(v)}, \boldsymbol{w}} \parallel \hat{\boldsymbol{Z}} \parallel_* + \sum_{v=1}^{V} w_v \parallel \boldsymbol{E}^{(v)} \parallel_{2,1} + \lambda \boldsymbol{w}^{\mathrm{T}} \boldsymbol{H} \boldsymbol{w} + \beta \text{tr}(\hat{\boldsymbol{Z}} \boldsymbol{L}_s \hat{\boldsymbol{Z}}^{\mathrm{T}}) \tag{8-8}$$
$$\text{s. t. } \quad \boldsymbol{X}^{(v)} = \boldsymbol{X}^{(v)} \hat{\boldsymbol{Z}} + \boldsymbol{E}^{(v)}, \boldsymbol{w}^{\mathrm{T}} \boldsymbol{1}_V = 1, \text{rank}(\boldsymbol{L}_s) = N - C$$

式中，$\boldsymbol{L}_s$ 为联合亲和图矩阵 $\boldsymbol{W}^{(TC)}$ 的拉普拉斯矩阵；C 为聚类因子（种类）；λ、β 为平衡权重参数，$\lambda > 0$，$\beta > 0$。

目标函数式(8-8)的详细求解过程由文献[100]给出，则目标联合亲和图矩阵 $\boldsymbol{W}^{(Z)} = [w_{ij}^{(Z)}]_{N \times N}$ 为

$$\boldsymbol{W}^{(Z)} = \frac{|\hat{\boldsymbol{Z}}| + |\hat{\boldsymbol{Z}}|^{\mathrm{T}}}{2} \tag{8-9}$$

为了计算出同质性和完整性较高的显著图，将 $\boldsymbol{W}^{(Z)} = [w_{ij}^{(Z)}]_{N \times N}$ 进一步归一化处理

$$\boldsymbol{W}^{(Z*)} = [\boldsymbol{D}^{(Z)}]^{-1} \cdot \boldsymbol{W}^{(Z)} \tag{8-10}$$

其中，度矩阵 $\boldsymbol{D}^{(Z)} = \mathrm{diag}\{d_{11}^{(Z)}, d_{22}^{(Z)}, \cdots, d_{NN}^{(Z)}\}$，$d_{ii}^{(Z)} = \sum_j w_{ij}^{(Z)}$。

在此基础上，应用 $\boldsymbol{W}^{(Z)}$ 强化上述图矩阵。据此，得到第一层强化图矩阵，即

$$\boldsymbol{W}^{(1)} = [\overline{\boldsymbol{W}}^{(Z*)}]^{\mathrm{T}} \circ \boldsymbol{W}^{(TC)} \circ \overline{\boldsymbol{W}}^{(Z*)} + [\overline{\boldsymbol{W}}^{(Z*)}]^{\mathrm{T}} \circ \boldsymbol{W}^{(T)} \circ \overline{\boldsymbol{W}}^{(Z*)} \qquad (8-11)$$

受背景先验的启发，通过在第一层图上传播背景种子 y 来计算粗略的显著图

$$\boldsymbol{f}_1^* = [\boldsymbol{D}^{(1)} - \alpha\boldsymbol{W}^{(1)}]^{-1}\boldsymbol{y} \qquad (8-12)$$

式中，$\boldsymbol{y} \in \{\boldsymbol{y}_{\mathrm{t}}, \boldsymbol{y}_{\mathrm{d}}, \boldsymbol{y}_{\mathrm{r}}, \boldsymbol{y}_{\mathrm{l}}\}$，分别为图像的上、下、左、右边界；$\boldsymbol{f}_1^*$ 为第一阶段基于强化图和流形排序的显著性检测结果。

第二阶段通过阈值 K-means 产生前景种子 $\boldsymbol{y}_{\mathrm{f}}$。为了保证前景种子 $\boldsymbol{y}_{\mathrm{f}}$ 的扩散结果，需要构建第二层强化图矩阵。考虑初始显著性 $\boldsymbol{f}_1^*$，一个新的强化图矩阵为

$$\boldsymbol{W}^{(2)} = [\overline{\boldsymbol{W}}^{(Z*)}]^{\mathrm{T}} \circ \boldsymbol{W}^{(f)} \circ \overline{\boldsymbol{W}}^{(Z*)} + [\overline{\boldsymbol{W}}^{(T)}]^{\mathrm{T}} \circ \boldsymbol{W}^{(f)} \circ \overline{\boldsymbol{W}}^{(T)} \qquad (8-13)$$

式中，$\boldsymbol{W}^{(f)}$ 为采用显著性信息 $\boldsymbol{f}_1^*$ 构造的传统图矩阵。

获得本章方法的显著图，如图 8-3 所示。

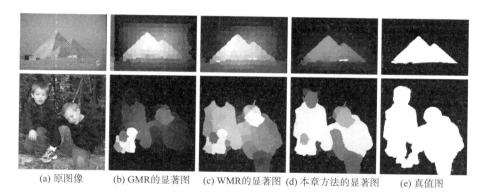

(a) 原图像　　(b) GMR的显著图　　(c) WMR的显著图　(d) 本章方法的显著图　　(e) 真值图

图 8-3　第一阶段基于强化图的流形排序的显著性检测效果

$$\boldsymbol{f}_2^* = [\boldsymbol{D}^{(1)} - \alpha\boldsymbol{W}^{(1)}]^{-1}\boldsymbol{y}_{\mathrm{f}} \qquad (8-14)$$

8.3　实验和分析

本节评估了本章方法在 5 个公开的 RGB 数据集 ECSSD、SOD、DUTOMRON、

HUK – IS 和 SED2 上的显著性检测结果，并与 10 种典型方法 DRFI、GMR、RBD、BSCA、SMD、2LSG、RCRR、WMR、AME、HCA 进行了定性和定量比较，还进行了一些消融实验的有效性分析。本章定量评价指标有：PR 曲线、S – measure、F – measure、E – measure、MAE、AUC、OR 和 WF 的指标值

8.3.1 实现细节

实验在 Intel（R）Core（TM）i5 – 8400 CPU @ 2.80GHz 2.81GHz 和 Matlab 2016b 的 PC 环境下进行。在该框架中，设置多尺度超像素个数分别为 200、300、400，其他参数与第 5 章方法参数一致。

8.3.2 定量对比和分析

本节综合评估和分析了在 ECSSD、SOD、DUTOMRON、HUK – IS 和 SED2 数据集上的实验结果。图 8 – 4 给出了本书方法与其他对比方法的 PR 曲线。值得注意的是，该方法在 DUTOMRON 上明显优于其他最先进的方法。在 ECSSD、SOD 和 HUK – IS 数据集上，除 AME 和 HCA 外，本书方法明显优于其他典型方法。在 SED2 上也取得了较好的效果。

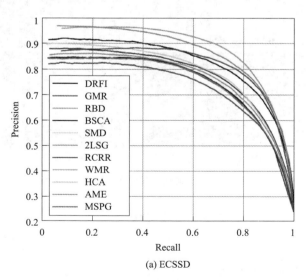

(a) ECSSD

图 8 – 4　MSPG 和典型方法在公开数据集中的 PR 曲线

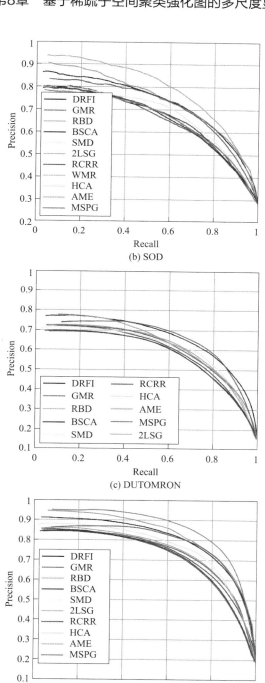

图 8-4 MSPG 和典型方法在公开数据集中的 PR 曲线 (续)

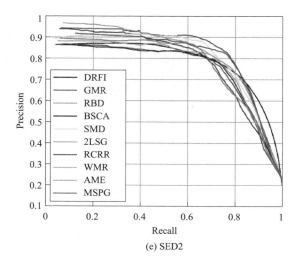

(e) SED2

图 8-4　MSPG 和典型方法在公开数据集中的 PR 曲线(续)

表 8-2～表 8-6 给出了 S-measure、E-measure、F-measure、MAE、AUC、OR 和 WF 的量化结果，进一步表明了本章提出的方法在 ECSSD、SOD、HUK-IS 和 DUTOMRON 上的优越性。从表 8-6 中可以看出，与典型方法相比，本章方法取得了可观的效果。

表 8-2　MSPG 和典型方法在公开数据集 ECSSD 中的各项指标值

方法	S-measure ↑	E-measure ↑	F-measure ↑	MAE ↓	AUC ↑	OR ↑	WF ↑
DRFI	0.752	0.816	0.733	0.164	0.833	0.584	0.542
GMR	0.689	0.774	0.689	0.189	0.790	0.520	0.493
RBD	0.689	0.787	0.676	0.189	0.781	0.525	0.513
BSCA	0.725	0.797	0.702	0.182	0.815	0.549	0.513
SMD	0.734	0.800	0.712	0.173	0.811	0.560	0.537
2LSG	0.702	0.786	0.703	0.181	0.795	0.541	0.510
RCRR	0.694	0.781	0.693	0.184	0.793	0.529	0.498
WMR	0.698	0.779	0.684	0.191	0.798	0.527	0.497
AME	0.775	0.824	0.789	0.168	0.832	0.628	0.586
HCA	0.707	0.825	0.778	0.119	0.781	0.616	0.674
MSPG	0.756	0.821	0.756	0.145	0.816	0.614	0.603

注：↑表示值越大性能越好，↓表示值越小性能越好。

表8-3 MSPG 和典型方法在公开数据集 SOD 中的各项指标值

方法	S-measure ↑	E-measure ↑	F-measure ↑	MAE ↓	AUC ↑	OR ↑	WF ↑
DRFI	0.625	0.714	0.626	0.226	0.752	0.437	0.438
GMR	0.589	0.676	0.577	0.259	0.714	0.384	0.405
RBD	0.589	0.700	0.596	0.229	0.706	0.406	0.428
BSCA	0.622	0.692	0.582	0.252	0.738	0.396	0.432
SMD	0.632	0.702	0.606	0.234	0.732	0.378	0.411
2LSG	0.591	0.670	0.606	0.254	0.702	0.378	0.420
RCRR	0.590	0.672	0.574	0.256	0.714	0.529	0.498
WMR	0.591	0.672	0.558	0.266	0.717	0.356	0.409
AME	0.633	0.704	0.677	0.229	0.752	0.454	0.490
HCA	0.639	0.702	0.634	0.203	0.694	0.435	0.537
MSPG	0.642	0.716	0.637	0.219	0.732	0.454	0.491

注：↑表示值越大性能越好，↓表示值越小性能越好。

表8-4 MSPG 和典型方法在公开数据集 DUTOMRON 中的各项指标值

方法	S-measure ↑	E-measure ↑	F-measure ↑	MAE ↓	AUC ↑	OR ↑	WF ↑
DRFI	0.696	0.738	0.623	0.155	0.857	0.451	0.408
GMR	0.645	0.723	0.527	0.197	0.781	0.419	0.379
RBD	0.681	0.720	0.528	0.144	0.814	0.432	0.428
BSCA	0.652	0.706	0.567	0.191	0.808	0.409	0.392
SMD	0.680	0.728	0.572	0.166	0.809	0.440	0.424
2LSG	0.664	0.741	0.573	0.177	0.795	0.494	0.406
RCRR	0.649	0.720	0.527	0.182	0.779	0.421	0.384
AME	0.613	0.713	0.692	0.271	0.841	0.425	0.283
HCA	0.671	0.701	0.539	0.156	0.776	0.438	0.475
MSPG	0.704	0.753	0.589	0.144	0.815	0.491	0.464

注：↑表示值越大性能越好，↓表示值越小性能越好。

表8-5 MSPG 和典型方法在公开数据集 HUK-IS 中的各项指标值

方法	S-measure ↑	E-measure ↑	F-measure ↑	MAE ↓	AUC ↑	OR ↑	WF ↑
DRFI	0.735	0.831	0.738	0.148	0.849	0.571	0.498
GMR	0.674	0.792	0.661	0.175	0.794	0.501	0.456

续表

方法	S - measure ↑	E - measure ↑	F - measure ↑	MAE ↓	AUC ↑	OR ↑	WF ↑
RBD	0.707	0.812	0.677	0.143	0.810	0.538	0.516
BSCA	0.700	0.794	0.649	0.176	0.821	0.509	0.464
SMD	0.726	0.815	0.689	0.157	0.825	0.549	0.512
2LSG	0.692	0.807	0.663	0.166	0.808	0.539	0.479
RCRR	0.679	0.794	0.664	0.171	0.797	0.507	0.459
AME	0.765	0.860	0.772	0.137	0.845	0.636	0.573
HCA	0.743	0.824	0.740	0.113	0.786	0.581	0.628
MSPG	0.745	0.829	0.725	0.132	0.826	0.592	0.567

注：↑表示值越大性能越好，↓表示值越小性能越好。

表 8-6　MSPG 和典型方法在公开数据集 SED2 中的各项指标值

方法	S - measure ↑	E - measure ↑	F - measure ↑	MAE ↓	AUC ↑	OR ↑	WF ↑
DRFI	0.766	0.810	0.731	0.130	0.828	0.613	0.637
GMR	0.688	0.807	0.727	0.184	0.728	0.541	0.570
RBD	0.751	0.830	0.780	0.130	0.776	0.598	0.641
BSCA	0.716	0.791	0.704	0.159	0.772	0.539	0.540
SMD	0.753	0.832	0.755	0.131	0.776	0.588	0.636
2LSG	0.707	0.817	0.747	0.161	0.744	0.579	0.591
RCRR	0.692	0.798	0.727	0.160	0.733	0.542	0.576
WMR	0.707	0.798	0.704	0.153	0.741	0.539	0.577
AME	0.701	0.765	0.698	0.156	0.745	0.507	0.548
MSPG	0.746	0.834	0.763	0.136	0.770	0.608	0.637

注：↑表示值越大性能越好，↓表示值越小性能越好。

8.3.3　定性对比和分析

不同算法在典型场景下的显著图视觉对比如图 8-5 所示。由图可知，该方法可以准确地提取复杂场景中的显著性目标。特别地，当显著性目标与周围环境极其相似时，本章方法仍然可以产生很好的显著图。图 8-4 表明了本章方法的有效性和鲁棒性。视觉对比可以清楚地表明，本章方法在具有挑战性的场景中表现优于当前典型方法。

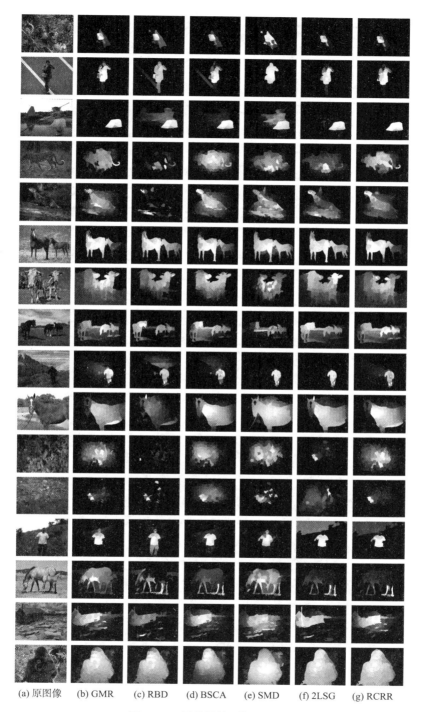

(a) 原图像　　(b) GMR　　(c) RBD　　(d) BSCA　　(e) SMD　　(f) 2LSG　　(g) RCRR

图 8 - 5　显著图检测视觉效果

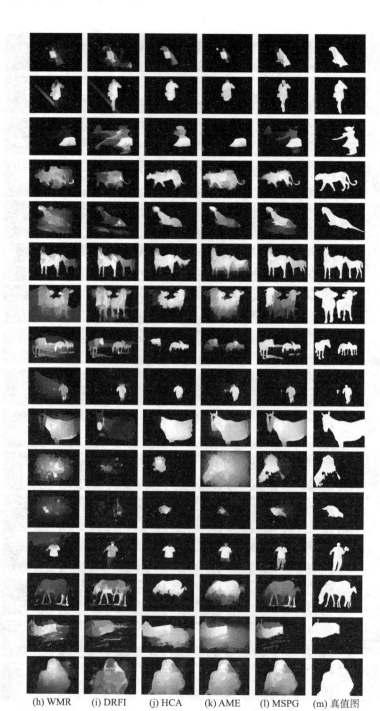

(h) WMR　　(i) DRFI　　(j) HCA　　(k) AME　　(l) MSPG　　(m) 真值图

图 8−5　显著图检测视觉效果(续)

8.3.4　消融实验

本节进行了相关的消融实验，包括图分析和每个阶段的强化图的有效性分析。在基于强化图的流形排序的第一阶段，其关键是新构建的强化图矩阵 $\boldsymbol{W}^{(1)}$。在此基础上，分别对传统多视角图矩阵 $\boldsymbol{W}^{(T)}$ 和强化图矩阵 $\boldsymbol{W}^{(1)}$ 进行了实验和分析。在图 8-6 和表 8-7 中，"Stage1 of ours without $\boldsymbol{W}^{(TC)}$"表示本章方法第一阶段没有采用 $\boldsymbol{W}^{(TC)}$ 的 PR 曲线；"Stage2 of ours without $\boldsymbol{W}^{(TC)}$"表示本章方法第二阶段没有采用 $\boldsymbol{W}^{(TC)}$ 的 PR 曲线；"Ours by $\boldsymbol{W}^{(T)}$"表示本章方法仅采用 $\boldsymbol{W}^{(T)}$ 的显著图。由图 8-6 及表 8-7 可知，新的强化图矩阵 $\boldsymbol{W}^{(1)}$ 的表现明显优于传统的多视角图矩阵 $\boldsymbol{W}^{(T)}$ 和典型方法。同时，图 8-7 从视觉对比上展示了本章方法的优越性。关于两阶段强化图的贡献，图 8-6(b) 和表 8-8 为 PR 曲线和其他定量的对比结果。从中可以看出亲和图矩阵 $\boldsymbol{W}^{(TC)}$ 对两阶段基于流形排序的显著性目标检测方法的有效性。此外，表 8-8 展示了本章方法提出的第二阶段强化图的有效性。图 8-7 为显著图的视觉对比，进一步显示了显著性检测结果由粗到细的优化过程。

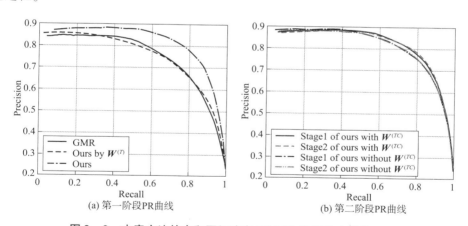

(a) 第一阶段PR曲线　　　　(b) 第二阶段PR曲线

图 8-6　本章方法的亲和图矩阵在 ECSSD 数据集中的优越性

表 8-7　消融实验在 ECSSD 中的定量比较

方法	S-measure ↑	E-measure ↑	F-measure ↑	MAE ↓	AUC ↑	OR ↑	WF ↑
GMR	0.689	0.774	0.689	0.189	0.790	0.520	0.493

方法	S – measure ↑	E – measure ↑	F – measure ↑	MAE ↓	AUC ↑	OR ↑	WF ↑
Ours by $W^{(T)}$	0.697	0.771	0.671	0.192	0.803	0.524	0.497
Ours	0.756	0.821	0.756	0.145	0.816	0.614	0.603

注：↑表示值越大性能越好，↓表示值越小性能越好。

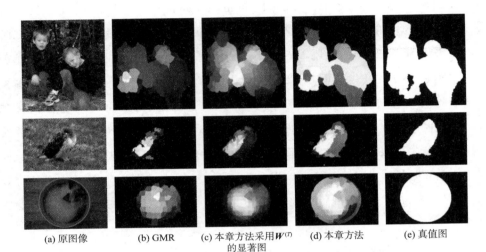

(a) 原图像　　(b) GMR　　(c) 本章方法采用 $W^{(T)}$ 的显著图　　(d) 本章方法　　(e) 真值图

图 8－7　消融实验的显著图效果

表 8－8　消融实验在 ECSSD 中的定量比较

方法	S – measure ↑	E – measure ↑	F – measure ↑	MAE ↓	AUC ↑	OR ↑	WF ↑
Stage1 of ours with $W^{(TC)}$	0.744	0.814	0.748	0.162	0.828	0.608	0.559
Stage2 of ours with $W^{(TC)}$	0.756	0.821	0.756	0.145	0.816	0.614	0.603
Stage1 of ours without $W^{(TC)}$	0.729	0.807	0.739	0.164	0.821	0.593	0.549
Stage2 of ours without $W^{(TC)}$	0.733	0.803	0.737	0.150	0.804	0.593	0.586

注：↑表示值越大性能越好，↓表示值越小性能越好。

8.4 本章小结

本章提出了一种新颖的基于稀疏子空间聚类强化图的多尺度显著性目标检测方法(MSPG);提出了稀疏和低秩的子空间聚类约束的两阶段强化图扩散模型,并将其嵌入流形排序中以计算显著图,利用多视图特征之间的一致性和互补性信息,通过在图上传播提升显著性性能。这两种方法都有效地提高了图在显著性目标检测中的性能。为了从标准评价指标方面验证所提方法的显著性目标检测能力,本章在多个 RGB 数据集上进行了实验,并与几种典型方法进行了定量和定性比较。实验结果表明,所提算法具有良好的显著性目标检测能力。

第9章　基于加权图构建的显著性目标检测

9.1　引言

传统的图只描述了图像的局部结构，没有反映图像全局相似性信息，非自适应定义的邻域集最终导致次优结果。因此，传统无向图的结果是显著图不均匀或不连贯。用 CIElab 颜色特征表示每个图像块的向量，在复杂场景中，无法充分描述显著区域与背景之间的特征差异，当目标包含不同颜色时，会导致提取到的显著性目标不理想。

针对上述问题，本章提出了基于加权图构建的显著性目标检测方法（SD-WG）。通过在流形排序函数下构建多视图传统无向图来度量紧致性显著性信息。由于多视图传统无向图无法捕捉全局相似性信息，虽然可以突出显著对象，但失去了一致性和完整性。为了有效地抑制背景信息并突出目标，综合考虑多种特征和高层显著性信息，构建了多视图加权无向图。在实际应用中，为使扩散图考虑全局相似性信息，需要学习一个亲和度矩阵，并将其与多视图加权无向图融合。它将产生均匀、一致的显著图，可以为第一紧致度信息提供补充。特别地，通过在低秩模型下探索显著性信息构建加权无向图，在多视角特征矩阵上度量显著性值，并使用高层线索进行约束。通过设计第三阶段的加权亲和图来有效地优化流形排序下的最终紧致性显著图，同时还考虑了初始显著性信息和多视图亲和图的学习。本章方法的提升效果如图 9 - 1 所示，主要贡献如下：

1）利用 CIElab、QLRBPlab 和暗通道先验映射构造相应的 k - 无向图，并通过度量综合的全局相似度矩阵来计算紧致性先验的显著性信息。

2）通过挖掘低秩显著性信息和多视角亲和图，构建第一阶段加权图，计算具有一致性和完整性的紧致性先验的显著图。

3)为了进一步优化更加均匀和完整的显著图,利用紧致性信息、低秩显著性信息和多视图亲和图构建了第二阶段加权图。

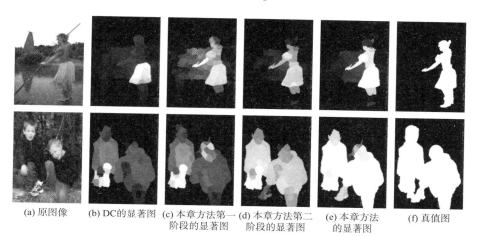

(a) 原图像　(b) DC的显著图　(c) 本章方法第一　(d) 本章方法第二　(e) 本章方法　(f) 真值图
　　　　　　　　　　　　　阶段的显著图　　　阶段的显著图　　的显著图

图 9 - 1　SDWG 改进的显著图

9.2　SDWG 方法概述

本章提出基于加权图构建的显著性目标检测方法,主体流程如图 9 - 2 所示。

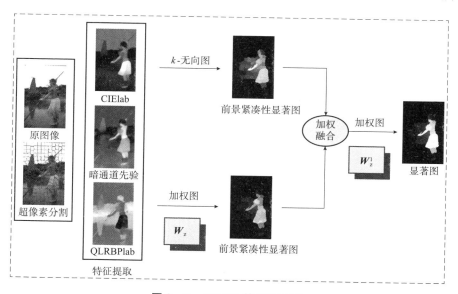

图 9 - 2　SDWG 算法流程图

简要步骤：第一步，将图像分割为超像素图并提出图像的多类低层特征；第二步，构建多类低层特征的传统无向图，并学习亲和图矩阵；第三步，构建两层加权图，用于基于前景紧凑性的显著性目标检测。

9.2.1　图像特征提取

本章方法利用 SLIC 算法将输入图像 I 分割为 N 个超像素 $\boldsymbol{P} = \{p_1, p_2, \cdots, p_N\}$ 作为基本单元。根据人类视觉注意机制，人眼对颜色、纹理、方向等多种特征敏感。对于每个超像素，提取 3 种类型的特征向量，包括 CIElab 颜色特征的平均值，RGB 颜色特征的局部颜色描述子的平均值以及 RGB、Lab 和 HSV 颜色空间 3 种暗通道先验图的平均值。此外，还采用了局部描述子 QLRBPlab 分别计算 RGB、Lab 和 HSV 彩色图像的通道先验图，并将其作为其他三维特征。

9.2.2　传统无向图构建

基于图像的多视角特征，我们构造了 3 个无向图，并定义为 $\boldsymbol{G}^{(v)} = [\boldsymbol{V}, \boldsymbol{E}^{(v)}]$，$v \in \{1, 2, \cdots, \boldsymbol{V}\}$，其中 $\boldsymbol{V}$ 表示包含所有超像素的节点集，$\boldsymbol{E}^{(v)}$ 表示对应于特征类型的边集。我们将每个特征矩阵的节点 p_i 和 p_j 之间的相似度定义为

$$a_{ij}^{(v)} = \mathrm{e}^{-\frac{\|x_i^{(v)} - x_j^{(v)}\|}{\sigma^2}} \qquad (9-1)$$

式中，$x_i^{(v)}$、$x_j^{(v)}$ 分别为各视觉特征在超像素点 p_i 和 p_j 的平均值；σ 为静态参数。

这里给每个图顶点 p_i 赋予邻域集 Ω_i，得到传统图矩阵 $\boldsymbol{W}^{(v)} = [w_{ij}^{(v)}]_{N \times N}$，其中，$w_{ij}^{(v)}$ 的表达式为

$$w_{ij}^{(v)} = \begin{cases} a_{ij}^{(v)}, & j \in \Omega_i \\ 0, & \text{其他} \end{cases} \qquad (9-2)$$

根据上述传统无向图建立流形排序函数

$$f^{(v)} = [\boldsymbol{D}^{(v)} - \alpha \boldsymbol{W}^{(v)}]^{-1} \boldsymbol{y} \qquad (9-3)$$

9.2.3　多视角亲和图矩阵学习

基于一种低级特征向量，定义为 $x_i^{(v)} \in \mathbb{R}^d$，将每类特征矩阵组合形成一个特

征矩阵 $\boldsymbol{X}$。本节的目标是学习一个亲和图矩阵 $\boldsymbol{W}$，文献［245］中提出了亲和图矩阵学习的目标函数如下

$$\min_{\boldsymbol{B},\boldsymbol{Z}} \| \boldsymbol{X} - \boldsymbol{XB} \|_{2,1} + \| \boldsymbol{Y} - \boldsymbol{YZ} \|_F^2 + \lambda \| \boldsymbol{B} \|_{2,1} + \beta \mathrm{tr}(\boldsymbol{B}^{\mathrm{T}} \boldsymbol{X}^{\mathrm{T}} \boldsymbol{LXB})$$

$$\text{s. t. } \boldsymbol{Z}^{\mathrm{T}} \boldsymbol{1} = \boldsymbol{1}, \ \mathrm{diag}(\boldsymbol{Z}) = 0 \tag{9-4}$$

式中，$\boldsymbol{Z}$ 为系数矩阵；$\boldsymbol{B}$ 为特征加权矩阵；$\boldsymbol{L}$ 为相应的拉普拉斯算子矩阵，$\boldsymbol{L} = \boldsymbol{D} - \boldsymbol{W}$，其中，$\boldsymbol{W} = \dfrac{|\boldsymbol{Z}| + |\boldsymbol{Z}|^{\mathrm{T}}}{2}$。

为了更新 $\boldsymbol{Z}$，需要固定 $\boldsymbol{B}$，忽略其他不相关项，那么优化后的问题如下

$$\min_{\boldsymbol{Z}} \| \boldsymbol{Y} - \boldsymbol{YZ} \|_F^2 + \beta \mathrm{tr}(\boldsymbol{B}^{\mathrm{T}} \boldsymbol{X}^{\mathrm{T}} \boldsymbol{LXB})$$

$$\text{s. t. } \boldsymbol{Z}^{\mathrm{T}} \boldsymbol{1} = \boldsymbol{1}, \ \mathrm{diag}(\boldsymbol{Z}) = 0 \tag{9-5}$$

通过引入拉格朗日乘子 α，公式（9-6）中的第一个等式约束可以被吸收到目标函数中，有

$$\min_{\boldsymbol{Z}} \| \boldsymbol{Y} - \boldsymbol{YZ} \|_F^2 + \beta \mathrm{tr}(\boldsymbol{B}^{\mathrm{T}} \boldsymbol{X}^{\mathrm{T}} \boldsymbol{LXB}) + \alpha \| \boldsymbol{Z}^{\mathrm{T}} \boldsymbol{1} - \boldsymbol{1} \|$$

$$\text{s. t. } \boldsymbol{Z}^{\mathrm{T}} \boldsymbol{1} = \boldsymbol{1}, \ \mathrm{diag}(\boldsymbol{Z}) = 0 \tag{9-6}$$

在参考文献［215］中，$\boldsymbol{Y}$ 被 $[\boldsymbol{Y}^{\mathrm{T}}, \alpha \cdot \boldsymbol{1}]$ 替代，其中 α 近似于无穷小。那么公式（9-6）中的优化问题可重新表示为

$$\min_{\boldsymbol{Z}} \| \boldsymbol{Y} - \boldsymbol{YZ} \|_F^2 + \beta \mathrm{tr}(\boldsymbol{B}^{\mathrm{T}} \boldsymbol{X}^{\mathrm{T}} \boldsymbol{LXB})$$

$$\text{s. t. } \mathrm{diag}(\boldsymbol{Z}) = 0 \tag{9-7}$$

文献［215］证明了公式（9-7）的优化问题等价于以下问题

$$\min_{\boldsymbol{Z}} \| \boldsymbol{Y} - \boldsymbol{YZ} \|_F^2 + \frac{\beta}{2} \mathrm{tr}\left(|\boldsymbol{Z}|^{\mathrm{T}} \boldsymbol{Q} \right)$$

$$\text{s. t. } \mathrm{diag}(\boldsymbol{Z}) = 0 \tag{9-8}$$

式中，$\boldsymbol{Q} = [Q_{ij}]_{N \times N}$，$Q_{ij} = \| q_i - q_j \|_2^2$，$q_i$ 表示 $\boldsymbol{XB}$ 的第 i 行。

采用交替优化策略求解式（9-8）。固定 $\boldsymbol{Z}$ 的其他行后，$\boldsymbol{Z}$ 的第 j 行的求解公式为

$$\min_{\boldsymbol{Z}} \| \overline{\boldsymbol{X}} - \boldsymbol{x} \boldsymbol{z}^{\mathrm{T}} \|_F^2 + \frac{\beta}{2} |\boldsymbol{z}|^{\mathrm{T}} \boldsymbol{Q}$$

$$\text{s. t. } \mathrm{diag}(z_i) = 0 \tag{9-9}$$

式中，$\boldsymbol{z}^{\mathrm{T}}$ 为 $\boldsymbol{Z}$ 的第 i 行元素；$\overline{\boldsymbol{X}} = \boldsymbol{X} - (\boldsymbol{XZ} - \boldsymbol{x} \boldsymbol{z}^{\mathrm{T}})$，其中，$z_i$ 为 $\boldsymbol{z}$ 的第 i 个元素。

公式(9-10)中的目标等价于式(9-10)

$$\min_{z} \| z - h \|_F^2 + \frac{\beta}{2} | z |^{\mathrm{T}}$$

$$\text{s. t. } \mathrm{diag}(z_i) = 0$$

$$(9-10)$$

其中，$h = (X^{\mathrm{T}} z) / (z^{\mathrm{T}} z)$。最小化问题的解如下：如果 $k = i$，$z_k = 0$；如果 $k \neq i$，那么

$$z_k = \begin{cases} 0 & k = i \\ \mathrm{sign}(h_k) \left(| h_k | - \dfrac{q_k}{4} \right) & k \neq i \end{cases} \qquad (9-11)$$

式中，z_k、h_k、q_k 分别为 z，h，q 的第 k 个元素。

因此，对于第 v 个特征矩阵，可得亲和图矩阵 $W_L^{(v)}$ 为

$$W_L^{(v)} = \frac{| Z^{(v)} | + | Z^{(v)} |^{\mathrm{T}}}{2} \qquad (9-12)$$

9.2.4 多视角加权图构建

采用 3 种图像特征分别可以得到 3 种不同的亲和图矩阵。该亲和图矩阵是一个包含每个视图特征上任意 2 个超像素之间的全局和局部相似性的全连接图，可能无法分离显著性目标和背景。为了整合这些不同的亲和图矩阵并抑制图节点之间的冗余连接，在混合学习的亲和图矩阵上嵌入一个加权的相似度矩阵，以实现对非同质区域的多样性和对同质区域的一致性。加权图矩阵定义为

$$W_Z = \frac{\sum_v W_L^{(v)}}{V} \circ W_M \qquad (9-13)$$

式中，V 为特征矩阵的个数；W_M 为加权矩阵。

因此流形排序模型为

$$f_Z^* = (D_Z - \alpha W_Z)^{-1} y \qquad (9-14)$$

式中，D_Z 为 W_Z 的度矩阵。

9.2.5 基于三层加权图的显著性检测

1. 第一层：基于传统图的紧凑性扩散

根据式(9-1)计算每个特征矩阵相应的全局相似矩阵，并根据哈达码积融

合多个全局相似矩阵，融合方法如下

$$a_{ij} = \prod_v a_{ij}^{(v)} \qquad (9-15)$$

利用无向图建立流形排序模型，进一步对相似度矩阵 $A = [a_{ij}]_{N \times N}$ 进行扩散处理

$$H^{\mathrm{T}} = \frac{\sum_v [D^{(v)} - \alpha W^{(v)}]^{-1}}{V} A \qquad (9-16)$$

基于扩散后的相似矩阵 H，根据中心先验和空间紧凑性计算图像的显著值。

1）结合 H 和空间偏差估计，计算每个超像素点 p_i 的紧凑性显著值。

$$sv(i) = \frac{\sum_{j=1}^N h_{ij} \cdot n_j \cdot \| b_j - o_i \|}{\sum_{j=1}^N h_{ij} \cdot n_j} \qquad (9-17)$$

$$o_j^x = \frac{\sum_{j=1}^N h_{ij} \cdot n_j \cdot b_j^x}{\sum_{j=1}^N h_{ij} \cdot n_j}, o_j^y = \frac{\sum_{j=1}^N h_{ij} \cdot n_j \cdot b_j^y}{\sum_{j=1}^N h_{ij} \cdot n_j} \qquad (9-18)$$

2）结合 H 和中心先验假设，度量超像素点 p_j 的紧凑性显著值。

$$sv(i) = \frac{\sum_{j=1}^N h_{ij} \cdot n_j \cdot \| b_j - p \|}{\sum_{j=1}^N h_{ij} \cdot n_j} \qquad (9-19)$$

3）结合空间偏差值和中心偏差值，生成显著值。

$$S_{\mathrm{com}}^1 = 1 - \mathrm{norm}(sv + sd) \qquad (9-20)$$

2. 第二层：基于加权图的紧凑性扩散

为了有效地增强显著性区域并加强消除冗余背景信息，采用多视角加权图对全局相似矩阵进行扩散

$$H_Z^{\mathrm{T}} = (D_Z - \alpha W_Z)^{-1} A \qquad (9-21)$$

其中，加权矩阵 W_M 为

$$W_M = \eta W_{S_{\mathrm{com}}^1} + W_w \qquad (9-22)$$

式中，$W_{S_{\mathrm{com}}^1}$ 为利用显著性信息 S_{com}^1 根据式（9-2）构造的传统无向图矩阵；W_w 为通过显著性信息构造的传统无向图矩阵。

WLRR 算法结合了低层显著性先验和低层图像特征，综合了颜色、位置和边界连通性先验，形成了加权矩阵，表示每个图像元素属于背景的可能性。此外，算法分析了 53 维的低级特征矩阵，包括低级颜色特征（R、G、B、色调和饱和度）、金字塔滤波器（12 维特征）和 Gabor 滤波器（12 维特征）。该特征矩阵可以对所提取的特征进行补充，有效地检测出颜色特征中与背景相似但纹理特征中又具有区分性的显著区域。WLRR 算法获得了既包含全部显著区域又包含部分背景信息的显著结果。因此，将其嵌入学习相似度矩阵中，可以有效突出相邻超像素之间的相似性，并有效抑制其他干扰信息。

与上述基于图扩散的紧凑性方法类似，可以得到新的显著图 S_{com}^2。将其与上述显著图进行线性融合

$$S_{com} = \tau S_{com}^1 + S_{com}^2 \tag{9-23}$$

式中，τ 为加权系数。

3. 第三层：基于加权图的显著性优化

为了进一步优化显著图，本章使用流形排序，通过在第二阶段加权图上优化显著图 S_{com}，以获得最终的显著图

$$S_{final} = (D_{Z1} - \alpha W_{Z1})^{-1} S_{com} \tag{9-24}$$

加权矩阵 W_M 为

$$W_M = \eta W_{S_{com}} + W_w \tag{9-25}$$

式中，$W_{S_{com}}$ 为利用显著性信息 S_{com} 根据式（9-2）构造的传统无向图矩阵。

加权矩阵进一步提高了局部相似性，代替了对初始显著图的自适应阈值分割，避免了背景种子被误选为前景种子。

9.3 实验和分析

本章在 3 个公开数据集 ECSSD、SOD 和 MSRA10K 上进行实验测试，并将本章方法与 14 个典型的显著性检测方法 GMR、wCtr、BSCA、WLRR、SMD、2LSG、WMR、SS、HLR、CMCDG、HDCT、DRFI、MDF、MCDL 进行了定性和定量比较，方法类型如表 9-1 所示。

表9－1　典型方法

理论	特征	方法
深度学习	高层图像特征	MCDL, MDF
无监督图	FCN－32s	GMR, wCtr, BSCA, WMR, SS, 2LSG, CMCDG
监督学习	低层图像特征	DRFI
低秩稀疏分解模型	低层图像特征 高层先验信息	WLRR, SMD, HLR

9.3.1　实现细节

将本章方法参数设置的细节在本节中进行说明。SDWG 在 ECSSD 数据集上进行了一系列实验，设置了不同的超像素总数 N。图9－3 展示了当 N 设置为 300 时，SDWG 获得了最佳性能。为了在计算效率和精度之间取得平衡，本章超像素的数量设置为 $N = 200$。在多个无向图和加权图中，设置 $\sigma = 1$，$\alpha = 0.99$。在三层显著性检测中，设置 $\tau = \eta = 0.5$。

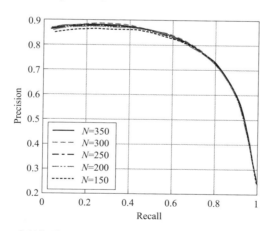

图9－3　在数据集 ECSSD 中多尺度超像素下 SDWG 的 PR 曲线

9.3.2　定量对比和分析

图9－4(a) 展示了 SDWG 和典型方法在 ECSSD 数据集上的定量比较，从图中可以看出 SDWG 的 PR 曲线涵盖了除 DRFI、MDF 和 MCDL 之外的其他典型方

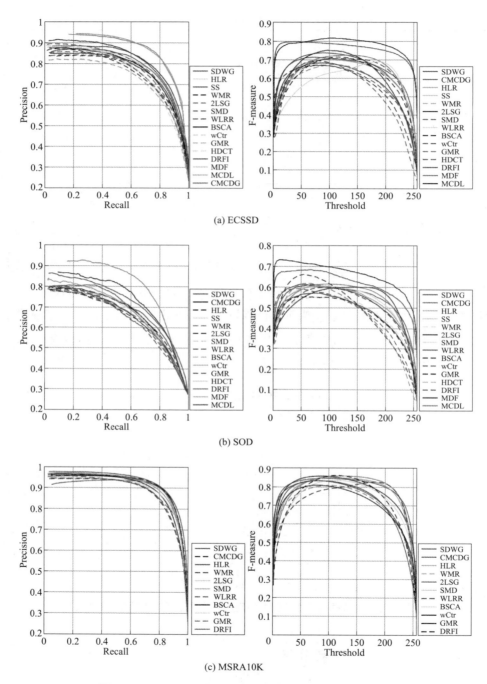

(a) ECSSD

(b) SOD

(c) MSRA10K

图 9-4　SDWG 和典型方法在公开数据集中的 PR 曲线

法。在 SOD 数据集上的定量比较如图 9-4(b) 所示，除了 CMCDG、DRFI、MDF 和 MCDL，SDWG 的 PR 曲线涵盖了典型方法的 PR 曲线。综上所述，本章方法在 SOD 和 ECSSD 数据集上较典型基于图扩散的显著性检测模型有明显的提升。在 MSRA10K 数据集上，所有实验方法均表现良好，如图 9-4(c) 所示，本章方法 无法体现出在所有检测方法之间的优越性。对于 F-measure 曲线，覆盖的面积 越大，表示性能越好。除了 CMCDG 模型，本章方法仍然优于所有基于图扩散 的显著性方法。为了进一步证明本章方法的性能，计算所有实验方法的平均 F-measure分数，并将其列在表 9-2 中。表 9-2 进一步表明了除 MDF 和 MC- DL 自顶向下模型外，本章方法性能优于其他典型方法。在表 9-2 中，MAE 结 果表明，除了深度学习显著性检测方法(MDF 和 MCDL)之外，本章方法的性能 最好。

表 9-2　SDWG 和典型方法在公开数据集中的 F-measure 和 MAE 指标值

方法	ECSSD		SOD		MSRA10K	
	F-measure	MAE	F-measure	MAE	F-measure	MAE
SDWG	0.645	0.150	0.547	0.218	0.786	0.087
CMCDG	0.648	0.155	0.529	0.233	0.771	0.099
HLR	0.630	0.172	0.538	0.234	0.772	0.104
SS	0.621	0.171	0.524	0.237	—	—
WMR	0.568	0.191	0.476	0.266	0.701	0.129
2LSG	0.581	0.181	0.482	0.254	0.723	0.114
SMD	0.621	0.173	0.526	0.234	0.765	0.104
WLRR	0.577	0.211	0.526	0.254	0.729	0.127
BSCA	0.603	0.182	0.507	0.252	0.725	0.125
wCtr	0.562	0.171	0.478	0.229	0.723	0.108
GMR	0.570	0.189	0.474	0.259	0.706	0.126
HDCT	0.535	0.198	0.466	0.243	—	—
DRFI	0.615	0.164	0.482	0.224	0.723	0.112
MDF	0.759	0.105	0.662	0.160	—	—
MCDL	0.775	0.101	0.618	0.180	—	—

9.3.3 定性对比和分析

图 9-5 展示了 8 种实验算法的一些显著性结果样本。在第 1~3 行的输入图像中存在一个或多个显著性目标，显著性目标包含多个具有不同颜色特征的区域。由图可知，本章方法能够均匀地突出显著性目标区域，同时抑制背景信息，性能优于其他方法。在第 1 行和第 9 行中，显著性对象接触图像边界，相对于其他典型方法，本章方法提取的显著性区域具有良好的均质性。在第 5 行、第 7 行、第 8 行的输入图像中小显著物体被杂乱的背景包围。本章方法彻底消除了背

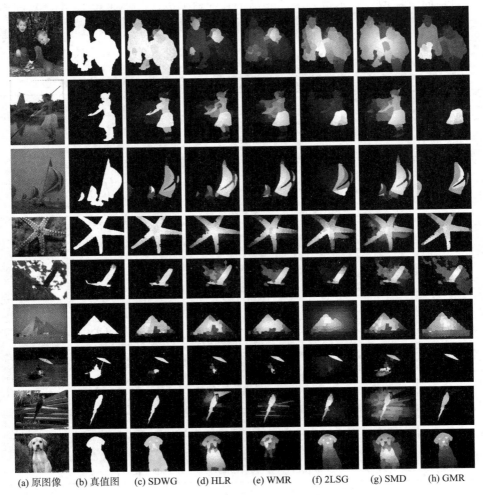

(a) 原图像　(b) 真值图　(c) SDWG　(d) HLR　(e) WMR　(f) 2LSG　(g) SMD　(h) GMR

图 9-5　显著图检测视觉效果

景信息，更准确地增强了显著性目标，然而，典型方法并不能准确地提取出令人满意的显著性结果。在第6行与背景相似的显著区域，本章方法仍然优于典型方法。当图像中包含过多或过小的显著性目标且背景复杂时，所提方法也能取得较好的效果。

9.3.4　消融实验

此外，在数据集 ECSSD 上的实验结果验证了三层图的有效性。图9－6给出了三层图下显著性检测结果 PR 曲线，由图可知第一层图下的显著性检测结果优于 IDCL 的显著性检测结果。此外，第二层图和第三层图能够有效提升显著性检测结果。结合图9－1可以得出，加权图能够更好地实现显著性目标检测。

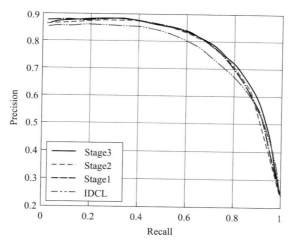

图9－6　各层图下显著性目标检测结果的 PR 曲线

9.4　本章小结

本章提出了一种基于加权图的由粗到细扩散的紧致性显著性检测方法。提取CIElab、QLRBPlab 和暗通道先验3种底层特征，并构造传统的无向图和另具有加权亲和图矩阵的两层加权图。三层图在基于扩散的紧致性的基础上，能够更好地利用相邻区域之间的局部和全局关系。分析3个数据集上的实验结果，结果表明，本章所提方法的性能优于典型方法的性能。

第 10 章　基于稀疏图加权强化图扩散的显著性目标检测

10.1　引言

本书前文所提出的三种显著性目标检测算法是从图矩阵、图顶点的自适应邻域和全局相似矩阵三方面展开研究的，有效提高了图方法面向图像显著性目标检测的性能。基于图扩散的显著性检测方法的性能主要取决于图矩阵和传播种子的质量。大多数经典方法是将边界块作为背景种子，通过图扩散得到前景种子后，再次通过图扩散提取整个显著性区域。此外，这些方法通过测量显著性线索来生成初始显著性并通过图扩散机制进行优化。然而，仍然存在两个问题需要解决：①仅使用边界先验假设将边界块作为背景种子，可能会将前景分割为背景；②传统的图无法捕捉理想的图像流形结构。在 GMR 模型的启发下，文献[246]为了提高图扩散性能，提出了一种流形保持扩散模型（MPD），有效地将平滑性和局部结构重建相结合。然而，MPD 模型仅利用 CIElab 颜色空间进行图的构建，所以当目标包含不同外观特征时，会导致显著性检测结果不准确。除此之外，局部结构重建仅捕获图像特征数据的局部相似结构，不能保留图像特征数据的全局相似结构，导致显著性检测效果不理想。

针对显著性模型 MPD 的不足，本章提出了一种基于稀疏图加权强化图扩散的显著性目标检测方法（SGW）。为了同时捕捉多视角特征空间中流形重构惩罚的局部和全局结构，采用一种拉普拉斯平滑（SGLS）的稀疏图矩阵，将未知稀疏编码上的流形约束作为图正则化项。SGLS 具有稀疏代表性和拉普拉斯平滑性，有利于提高图扩散性能。此外，还使用各种特征构建了另一个多视角数据的常规图矩阵，两个图矩阵的混合可以更好地区分前景和背景的差异。需要注意的是，利用稀疏图矩阵的度矩阵来强化扩散函数的质量，可以同时充分利用特征数据的局部和全局相似性信息。检测效果如图 10 - 1 所示，所提方法的主要贡献如下：

1）通过提取多种外观特征，保留局部和全局结构，构建具有拉普拉斯平滑约束的稀疏图矩阵。

2）利用稀疏图矩阵强化传统图矩阵，通过扩散前景种子和背景种子构建两阶段图来获取显著性目标。

3）在 6 个基准数据集上的实验结果表明，所提方法优于 MPD 方法和其他典型方法。

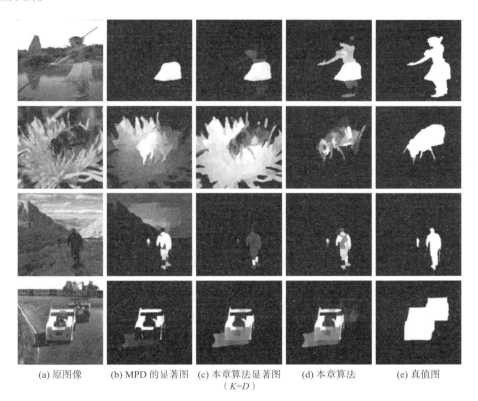

(a) 原图像   (b) MPD 的显著图   (c) 本章算法显著图   (d) 本章算法   (e) 真值图
                                    （K=D）

图 10 - 1   SGW 改进的显著图

10.2   SGW 算法概述

本章所提出的基于稀疏图加权强化图扩散的显著性目标检测方法，其简要步骤：第一，将图像分割为超像素图并提出图像的多类低层特征；第二，学习多类低层特征稀疏图矩阵并构造相应的传统图矩阵；第三，两种矩阵融合建立图扩散模型；第四，计算背景先验和前景种子的显著图并融合。

10.2.1　图像特征提取

SGW 同样以超像素点 $\boldsymbol{P} = \{p_1, p_2, \cdots, p_N\}$ 作为图像的基本单元，提取 CIElab、RGB、金字塔滤波和 LBP 作为本章算法的多视角特征，其中特征矩阵 $\boldsymbol{X}_1$ 是 CIElab 的 3 个颜色通道，特征矩阵 $\boldsymbol{X}_2$ 是这 4 种特征组合的多视角特征。

10.2.2　稀疏图学习

利用稀疏表示构建的稀疏图有利于扩散处理，所以稀疏图矩阵有助于提高显著性检测中的图扩散性能。然而，使用局部线性嵌入（LLE）计算的重构矩阵 $\boldsymbol{Z}$ 可能仅存在流形数据的全局结构，导致显著区域不完整。SGLS 学习了一个具有拉普拉斯平滑性的稀疏图，在非线性流形学习中可以同时保持局部和全局结构，通过最小化式（10 – 1）来估计

$$\arg \min_{S} \| \boldsymbol{X} - \boldsymbol{SX} \|_F^2 + \lambda \| \boldsymbol{S} \|_1 + \rho \mathrm{tr}(\boldsymbol{SL}_S\boldsymbol{S}^\mathrm{T}) \tag{10 – 1}$$

$$\text{s. t. } \boldsymbol{S1} = \boldsymbol{1} \,\forall\, i, \ s_{ii} = 0, \ \forall\, i = j$$

式中，$\boldsymbol{X}$ 为特征矩阵 $\boldsymbol{X}_2$；$\boldsymbol{S}$ 为稀疏图矩阵；$\boldsymbol{L}_S$ 为稀疏图矩阵 $\boldsymbol{S}$ 的拉普拉斯矩阵；λ、ρ 为两个平衡参数且为正数。利用文献[112]独立地求解 $\boldsymbol{S}$ 的每一行。

10.2.3　传统图矩阵构建

本章通过 2 个特征矩阵 $\boldsymbol{X}_1$ 和 $\boldsymbol{X}_2$ 分别计算 2 个常规图矩阵，公式如下

$$w_{ij}^{(X_1)} = \begin{cases} \mathrm{e}^{-\frac{\left\| x_i^{(X_1)} - x_j^{(X_1)} \right\|}{\sigma^2}}, & j \in \Omega_i \\ 0, & \text{其他} \end{cases} \tag{10 – 2}$$

$$w_{ij}^{(X_2)} = \begin{cases} \mathrm{e}^{-\frac{\left\| x_i^{(X_2)} - x_j^{(X_2)} \right\|}{\sigma^2}}, & j \in \Omega_i \\ 0, & \text{其他} \end{cases} \tag{10 – 3}$$

式中，$x_i^{(X_1)}$ 和 $x_i^{(X_2)}$ 分别为在超像素点 p_i 上 X_1 和 X_2 特征所对应的平均值。

融合上述 2 个传统图矩阵，可得

$$w_{ij}^{(X_2)} = \begin{cases} w_{ij}^{(X_2)} \cdot w_{ij}^{(X_1)}, & j \in \Omega_i \\ 0, & 其他 \end{cases} \qquad (10-4)$$

上述传统图矩阵 $W = [w_{ij}]_{N \times N}$ 与参数 σ 密切相关，σ 值设置不当将导致对具有噪声和不相关特征的高维特征数据的图扩散融合性能较差。

传统的图矩阵忽略了低层数据流形中的非近邻相似超像素，导致显著性检测结果不准确。为了克服这些缺点，本章重新定义加权对角矩阵 K^+

$$K^+ = D + D_S \qquad (10-5)$$

式中，D_S、D 分别为稀疏图矩阵 S 和传统图矩阵 W 的度矩阵。

10.2.4　基于强化图扩散模型的显著性计算

传统的图扩散模型仅刻画了局部相似性信息，忽略了全局相似性信息的作用。改进图扩散机制提高了显著性检测性能。然而，大多数改进模型仍然忽略了全局相似度信息。结合上述的稀疏图矩阵和传统图矩阵，下面利用最小化求解定义了扩散函数 $\boldsymbol{f} = [f_1, f_2, \cdots, f_N]$

$$\boldsymbol{f} = \arg\min_{\boldsymbol{f}} \mu \sum_{i=1}^{N} k_i (f_i - y_i) + \sum_{i=1}^{N} \sum_{j, j \neq i} \frac{1}{2} w_{ij} (f_i - f_j)^2 + \lambda \sum_{i=1}^{N} \left(f_i - \sum_{j, j \neq i} z_{ij} f_j \right)^2$$

$$(10-6)$$

式中，f_i 为超像素 p_i 的排序值；y_i 为标签种子的初始显著性值；λ、μ 为平衡权重，$\lambda \geq 0$，$\mu > 0$。

式（10-6）可以重新定义为

$$\boldsymbol{f} = \arg\min_{\boldsymbol{f}} \mu (\boldsymbol{f} - \boldsymbol{y})^{\mathrm{T}} \boldsymbol{K} (\boldsymbol{f} - \boldsymbol{y}) + \boldsymbol{f}^{\mathrm{T}} \boldsymbol{L} \boldsymbol{f} + \lambda (\boldsymbol{f} - \boldsymbol{Z} \boldsymbol{f})^{\mathrm{T}} (\boldsymbol{f} - \boldsymbol{Z} \boldsymbol{f}) \qquad (10-7)$$

式中，L 为传统图矩阵 W 的拉普拉斯矩阵，$L = D - W$；K 为 $N \times N$ 的加权对角矩阵，定义为 $K = D$。

对式（10-7）求导，使其等于 0，可得最终的最优排序函数为

$$\boldsymbol{f} = [\mu \boldsymbol{K} + \boldsymbol{L} + \lambda (\mathbf{I} - \boldsymbol{Z})^{\mathrm{T}} (\mathbf{I} - \boldsymbol{Z})]^{-1} \boldsymbol{K} \boldsymbol{y} \qquad (10-8)$$

式中，y 为初始标签种子，$\boldsymbol{y} = [y_1, y_2, \cdots, y_N]^{\mathrm{T}}$。

本章采用加权对角矩阵 $\boldsymbol{K}^+$ 作为式（10-8）的加权对角矩阵，可得到本章算法的图扩散函数

$$f = \left[\mu \boldsymbol{K}^+ + \boldsymbol{L} + \lambda (\boldsymbol{I}-\boldsymbol{Z})^{\mathrm{T}}(\boldsymbol{I}-\boldsymbol{Z}) \right]^{-1} \boldsymbol{K}^+ \boldsymbol{y} \qquad (10-9)$$

随后，构建两层图扩散模型。第一层图中，选取 4 个图像边界块作为背景种子，并通过式（10-9）进行扩散，生成 4 个显著图，分别称为 $\boldsymbol{S}_t$、$\boldsymbol{S}_r$、$\boldsymbol{S}_d$ 和 $\boldsymbol{S}_l$，线性相加融合生成粗显著图 $\boldsymbol{S}_b$

$$\boldsymbol{S}_b = 1 - \mathrm{norm}(\boldsymbol{S}_t \circ \boldsymbol{S}_l \circ \boldsymbol{S}_r \circ \boldsymbol{S}_d) \qquad (10-10)$$

然而，当显著性目标接触到图像边界时，这种粗糙的显著图可能会错误地将背景区域分离为前景种子。因此，为了输出精确的前景种子，我们将粗糙的显著图与凸包先验相结合，得到的初始显著图为

$$\boldsymbol{S}_{bc} = \boldsymbol{S}_b \circ \boldsymbol{S}_c \qquad (10-11)$$

第二层图扩散模型中，利用 OTSU 算法对显著图 $\boldsymbol{y}$ 进行分割，输出显著性种子，并利用式（10-9）进行扩散，得到最终的显著图

$$S = \left[\mu \boldsymbol{K} + \boldsymbol{L} + \lambda (\boldsymbol{I}-\boldsymbol{Z})^{\mathrm{T}}(\boldsymbol{I}-\boldsymbol{Z}) \right]^{-1} \boldsymbol{K} \boldsymbol{S}_{bc} \qquad (10-12)$$

10.3　实验和分析

本章算法在 6 个基准数据集（ASD、ECSSD、SOD、PASCALS、HUK-IS、DUTOMRON）上进行实验。实验中将所提出的方法与 GMR、AMC、RBD、MAP、BSCA、MPDS、RCRR、AME 8 种基于图扩散的显著性检测方法进行比较，同时与基于多视角特征的 HDCT、SMD 和 DRFI 显著性模型的显著性结果进行了比较。表 10-1 列出了典型方法的类型。本章定量评价指标有：PR 曲线、F-measure、MAE、AUC、WF 和 OR 的指标值。

表 10-1　典型方法

理论	特征	方法
稀疏学习	低层图像特征	SMD
无监督图	低层图像特征	AMC, GMR, RBD, MAP, BSCA, MPDS, RCRR, AME
监督学习	低层图像特征	HDCT, DRFI

注：每种理论对应的方法，从左往右，按照性能由高到低排列。

10.3.1 定量对比和分析

为了进行定量比较，所有实验显著性模型的 PR 曲线如图 10 – 2 所示，MAE 和 F – measure 指标值如图 10 – 3 所示。实验结果表明，除 DRFI 和 AME 方法外，所提方法的性能优于其他基于扩散的显著性模型。图 10 – 3 还表明，所提出的方法在 6 个基准数据集上的 MAE 得分最好（越低越好）。在 F – measure 评价指标下，F – measure 值越高越好，表明所提方法在自底向上模型中取得了较好的效果，除自顶向下模型 DRFI 和 AME 外，本章方法在 ASD、ECSSD、SOD、DU-TOMRON 和 HUK – IS 数据集上的效果更好。

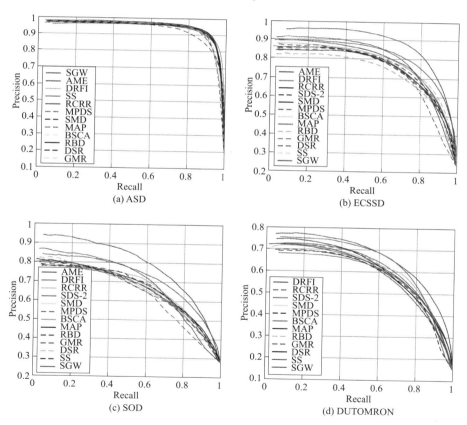

图 10 –2　SGW 和典型方法在公开数据集中的 PR 曲线

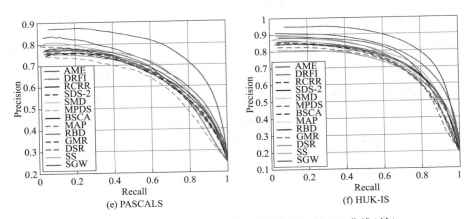

图 10 −2 　SGW 和典型方法在公开数据集中的 PR 曲线 (续)

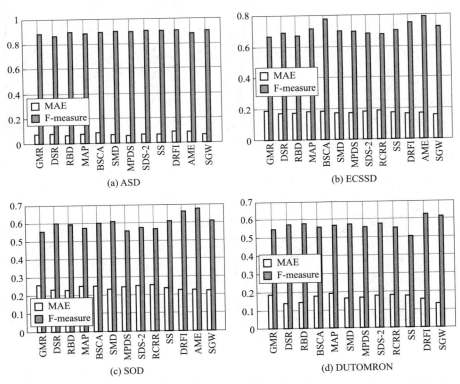

图 10 −3 　SGW 和典型方法在公开数据集中的 MAE 和 F −measure 指标值

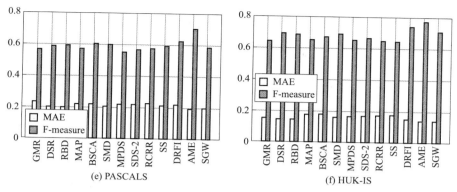

图 10 - 3　SGW 和典型方法在公开数据集中的 MAE 和 F - measure 指标值 (续)

10.3.2　定性对比和分析

在定性比较方面，图 10 - 4 展示了一些具有挑战性的示例，以更深入地验证所提出方法的有效性和优越性。在第 2 行中，输入图像有一个包含不同颜色的对象。由此可知，最先进的显著性检测模型未能提取有效显著图，但本章所提出的方法得到了很好的显著图。在第 4 ~ 7 行中，显著区域与背景较为相似，本章方法能够准确地将显著性目标从复杂场景中分离出来，而经典对比方法的检测效果较差。在第 3 行和第 6 行中，突出的物体混在杂乱的背景中。本章方法能够成功地捕捉到边缘精确的前景区域。AME 也可以检测到很好的结果，但模糊了显著区域的边缘。在第 13 ~ 17 行中，图像包含多个显著性目标和复杂背景区域。与现有的经典显著性检测模型的检测结果相比，本章所提方法可以在取得较好显著性检测效果的同时，对背景的抑制更加彻底。

10.3.3　消融实验

图 10 - 5 给出了显著性检测结果在多视角特征的加权对角矩阵 K^+ 和 D 下的 PR 曲线，并与 MPDS 模型进行对比，从 PR 曲线可以看出本章提出的加权对角矩阵 K^+ 和 D 可以有效提高显著性检测效果。此外，表 10 - 2 给出了多视角特征的加权对角矩阵 K^+ 和 D 下的其他平均指标值，从表中同样可以得出所提方法在 ECSSD、SOD、DUTOMRON、PASCALS 和 HUK - IS 数据集上的性能明显优于 MPDS 模型。在 ASD 数据集上，将稀疏图融入扩散能量函数式 (10 - 9) 中可以鲜明地提高图扩散模型在显著性检测算法中的性能。

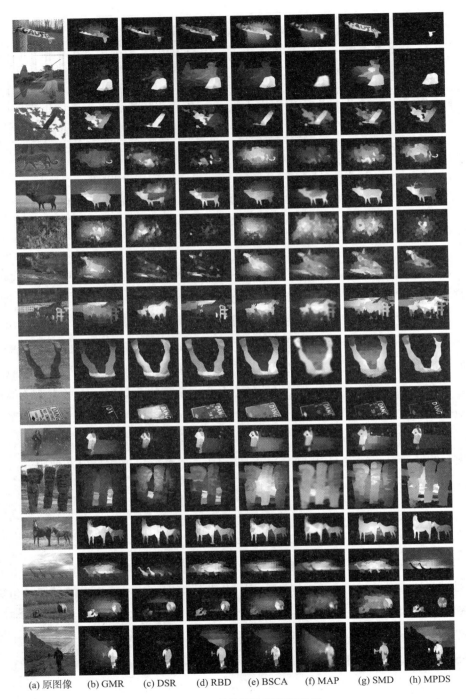

(a) 原图像　　(b) GMR　　(c) DSR　　(d) RBD　　(e) BSCA　　(f) MAP　　(g) SMD　　(h) MPDS

图 10 - 4　显著图检测视觉效果

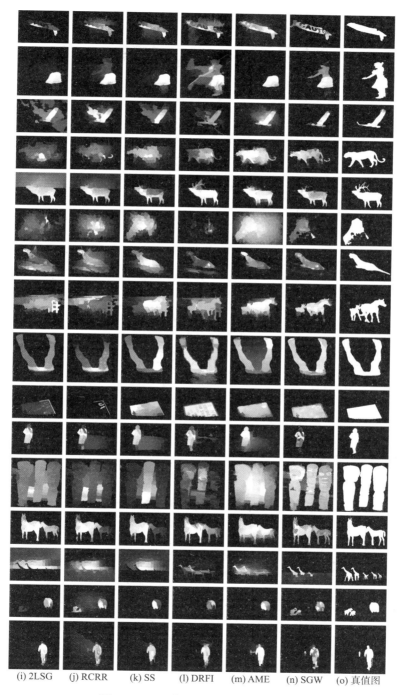

(i) 2LSG　(j) RCRR　(k) SS　(l) DRFI　(m) AME　(n) SGW　(o) 真值图

图 10 – 4　显著图检测视觉效果 (续)

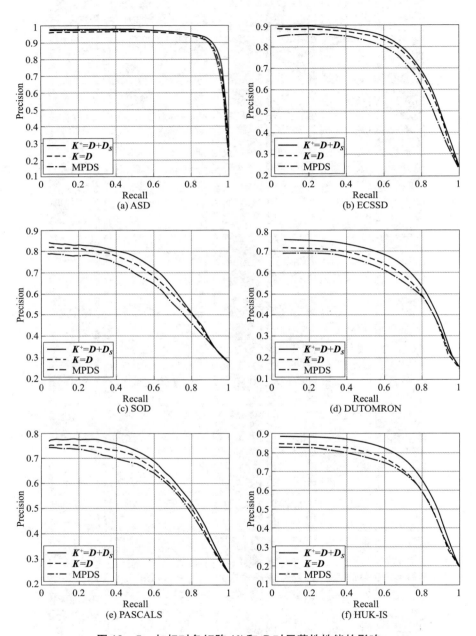

图 10 - 5　加权对角矩阵 K^+ 和 D 对显著性性能的影响

表 10 - 2 加权对角矩阵 K^+ 和 D 在 6 个公开数据集中的各项指标值

数据集	方法	AP	AF	MAE	AUC	WF	OR
ASD	$K^+ = D + D_S$	0.925	0.821	0.066	0.867	0.785	0.826
	$K = D$	0.920	0.796	0.072	0.858	0.764	0.815
	MPDS	0.925	0.838	0.061	0.857	0.802	0.814
ECSSD	$K^+ = D + D_S$	0.833	0.621	0.155	0.776	0.553	0.565
	$K = D$	0.819	0.604	0.163	0.770	0.538	0.550
	MPDS	0.784	0.598	0.171	0.764	0.528	0.517
SOD	$K^+ = D + D_S$	0.775	0.520	0.222	0.693	0.453	0.402
	$K = D$	0.750	0.497	0.232	0.683	0.433	0.379
	MPDS	0.713	0.489	0.245	0.679	0.423	0.363
DUTOMRON	$K^+ = D + D_S$	0.673	0.553	0.129	0.782	0.483	0.484
	$K = D$	0.640	0.517	0.146	0.763	0.451	0.459
	MPDS	0.583	0.509	0.167	0.767	0.442	0.434
PASCALS	$K^+ = D + D_S$	0.724	0.498	0.198	0.711	0.437	0.419
	$K = D$	0.697	0.485	0.207	0.703	0.427	0.405
	MPDS	0.659	0.486	0.218	0.711	0.427	0.385
HUK - IS	$K^+ = D + D_S$	0.816	0.602	0.137	0.785	0.525	0.555
	$K = D$	0.776	0.560	0.153	0.765	0.486	0.516
	MPDS	0.732	0.573	0.162	0.773	0.500	0.502

10.4 本章小结

本章提出的方法利用稀疏图加权强化了基于传统图扩散的显著性目标检测方法。利用多视角特征构建亲和度图矩阵，同时学习具有平滑性约束的稀疏图矩阵。将稀疏图矩阵投影到扩散能量函数中，以充分发挥局部结构与全局结构相结合的优势。在 6 个基准数据集上与现有方法进行对比实验，全面验证了全局相似性信息能够提升本章方法的性能。未来的研究目标是通过基于深度学习的语义信息描述和设计子空间聚类技术来克服所提方法的局限性。

参考文献

[1]Zhang L, Lin W. Selective visual attention: Computational models and applications[M]. John Wiley & Sons Inc, 2013.

[2]Borji A, Itti L. State – of – the – art in visual attention modeling[J]. IEEE transactions on pattern analysis and machine intelligence, 2013, 35(1): 185 – 207.

[3]Banks M S, Read J C A, Allison R S, et al. Stereoscopy and the human visual system[J]. SMPTE motion imaging journal, 2012, 121(4): 24 – 43.

[4]Frintrop S, Garc'ıa G M, Cremers A B. A cognitive approach for object discovery[C]. Proceedings of the 22nd International Conference on Pattern Recognition(ICPR). 2014: 2329 – 2334.

[5]Zhang L, Shen Y, Li H. VSI: A visual saliency – induced index for perceptual image quality assessment[J]. IEEE transactions on image processing, 2014, 23(10): 4270 – 4281.

[6]Yang S, Jiang Q, Lin W, et al. SGDNet: An end – to – end saliency – guided deep neural network for no – reference image quality assessment[C]. Proceedings of the 27th ACM international conference on multimedia. 2019: 1383 – 1391.

[7]Feng W, Han R, Guo Q, et al. Dynamic saliency – aware regularization for correlation filter – based object tracking[J]. IEEE transactions on image processing, 2019, 28(7): 3232 – 3245.

[8]Ardizzone E, Bruno A. Image quality assessment by saliency maps[C]. Proceedings of the international conference on computer vision theory and applications. SciTePress, 2012: 479 – 483.

[9]Zhang W, Borji A, Wang Z, et al. The application of visual saliency models in objective image quality assessment: A statistical evaluation[J]. IEEE transactions on neural networks and learning systems, 2015, 27(6): 1266 – 1278.

[10]Gu K, Wang S, Yang H, et al. Saliency – guided quality assessment of screen content images [J]. IEEE transactions on multimedia, 2016, 18(6): 1098 – 1110.

[11]Zhang W, Liu H. Study of saliency in objective video quality assessment[J]. IEEE Transactions on Image Processing, 2017, 26(3): 1275 – 1288.

[12]Jerripothula K R, Cai J, Yuan J. Image co – segmentation via saliency co – fusion[J]. IEEE transactions on multimedia, 2016, 18(9): 1896 – 1909.

[13]Fu H, Xu D, Lin S. Object – based multiple foreground segmentation in RGBD video[J]. IEEE transactions on image processing, 2017, 26(3): 1418 – 1427.

［14］Li Q, Zhou Y, Yang J. Saliency based image segmentation［C］. International conference on mul-timedia technology. IEEE, 2011: 5068 – 5071.

［15］Chang K Y, Liu T L, Lai S H. From co – saliency to co – segmentation: An efficient and fully unsupervised energy minimization model［C］. CVPR 2011. IEEE, 2011: 2129 – 2136.

［16］Meng F, Li H, Liu G, et al. Object co – segmentation based on shortest path algorithm and sali-ency model［J］. IEEE transactions on multimedia, 2012, 14(5): 1429 – 1441.

［17］Wang W, Shen J, Porikli F. Saliency – aware geodesic video object segmentation［C］. Proceed-ings of the IEEE conference on computer vision and pattern recognition. 2015: 3395 – 3402.

［18］Zeng Y, Zhuge Y, Lu H, et al. Joint learning of saliency detection and weakly supervised se-mantic segmentation［C］. Proceedings of the IEEE/CVF international conference on computer vi-sion. 2019: 7223 – 7233.

［19］Zhou X, Tong T, Zhong Z, et al. Saliency – CCE: exploiting colour contextual extractor and sa-liency – based biomedical image segmentation［J］. Computers in biology and medicine, 2023, 154: 106551.

［20］Oh S J, Benenson R, Khoreva A, et al. Exploiting saliency for object segmentation from image level labels［C］. IEEE conference on computer vision and pattern recognition(CVPR). IEEE, 2017: 5038 – 5047.

［21］Guo C, Zhang L. A novel multiresolution spatiotemporal saliency detection model and its applica-tions in image and video compression［J］. IEEE transactions on image processing, 2010, 19 (1): 185 – 198.

［22］Baek D, Kang H, Ryoo J. SALI360: Design and implementation of saliency based video com-pression for 360° video streaming［C］. Proceedings of the 11th ACM Multimedia Systems Confer-ence. 2020: 141 – 152.

［23］Ji Q G, Fang Z D, Xie Z H, et al. Video abstraction based on the visual attention model and on-line clustering［J］. Signal processing: image communication, 2013, 28(3): 241 – 253.

［24］Chen D Y, Lin C Y, Yang N T, et al. Sparse coding – based co – salient object detection with application to video abstraction［C］. 2013 International conference on machine learning and cyber-netics. IEEE, 2013, 3: 1474 – 1479.

［25］Ejaz N, Mehmood I, Baik S W. MRT letter: Visual attention driven framework for hysteroscopy video abstraction［J］. Microscopy research and technique, 2013, 76(6): 559 – 563.

［26］Song G H, Ji Q G, Lu Z M, et al. A novel video abstraction method based on fast clustering of the regions of interest in key frames[J]. AEU – international journal of electronics and communi-cations, 2014, 68(8): 783 – 794.

[27] Wang M, Konrad J, Ishwar P, et al. Image saliency: From intrinsic to extrinsic context[C]. Proceedings of the IEEE conference on computer vision and pattern recognition(CVPR). 2011: 417 – 424.

[28] Wang J, Sun J, Liu J, et al. A visual saliency based video hashing algorithm[C]. Proceedings of the 19th IEEE international conference on image processing(ICIP). 2012: 645 – 648.

[29] Mahadevan V, Vasconcelos N. Saliency – based discriminant tracking[C]. Proceedings of the IEEE conference on computer vision and pattern recognition(CVPR). 2009: 1007 – 1013.

[30] Wang Q, Chen F, Xu W. Saliency selection for robust visual tracking[C]. IEEE international conference on image processing(ICIP). 2010: 2785 – 2788.

[31] Zhang G, Yuan Z, Zheng N, et al. Visual saliency based object tracking[C]. Computer vision – ACCV 2009: 9th asian conference on computer vision, xian, september 23 – 27, 2009, re-vised selected papers, Part II 9. Springer berlin heidelberg, 2010: 193 – 203.

[32] Mahadevan V, Vasconcelos N. Biologically inspired object tracking using center – surround sali-ency mechanisms[J]. IEEE transactions on pattern analysis and machine intelligence, 2012, 35(3): 541 – 554.

[33] Ma C, Miao Z, Zhang X P, et al. A saliency prior context model for real – time object tracking [J]. IEEE transactions on multimedia, 2017, 19(11): 2415 – 2424.

[34] Zhou Z, Pei W, Li X, et al. Saliency – associated object tracking[C]. Proceedings of the IEEE/CVF international conference on computer vision. 2021: 9866 – 9875.

[35] Cane T, Ferryman J. Saliency – based detection for maritime object tracking[C]. Proceedings of the IEEE conference on computer vision and pattern recognition workshops. 2016: 18 – 25.

[36] Rapantzikos K, Avrithis Y, Kollias S. Dense saliency – based spatiotemporal feature points for action recognition[C]. Proceedings of the IEEE conference on computer vision and pattern recog-nition(CVPR). 2009: 1454 – 1461.

[37] Wang X, Gao L, Song J, et al. Beyond frame – level CNN: saliency – aware 3 – DCNN with LSTM for video action recognition [J]. IEEE signal processing letters, 2017, 24 (4): 510 – 514.

[38] Abdulmunem A, Lai Y K, Sun X. Saliency guided local and global descriptors for effective ac-tion recognition[J]. Computational visual media, 2016, 2: 97 – 106.

[39] Xu Z, Hu R, Chen J, et al. Action recognition by saliency – based dense sampling[J]. Neuro-computing, 2017, 236: 82 – 92.

[40] Zhu Y, Zhai G, Yang Y, et al. Viewing behavior supported visual saliency predictor for 360 de-gree videos[J]. IEEE transactions on circuits and systems for video technology, 2021, 32(7): 4188 – 4201.

[41] Rapantzikos K, Avrithis Y, Kollias S. Dense saliency – based spatiotemporal feature points for action recognition[C]. IEEE conference on computer vision and pattern recognition. IEEE, 2009: 1454 – 1461.

[42] Huang J, Yang X, Fang X, et al. Integrating visual saliency and consistency for re – ranking im-age search results[J]. IEEE transactions on multimedia, 2011, 13(4): 653 – 661.

[43] Mauthner T, Possegger H, Waltner G, et al. Encoding based saliency detection for videos and images[C]. Proceedings of the IEEE conference on computer vision and pattern recognition. 2015: 2494 – 2502.

[44] Marat S, Guironnet M, Pellerin D. Video summarization using a visual attention model[C]. Proceedings of the 15th european signal processing conference(ESPC). 2007: 1784 – 1788.

[45] Mademlis I, Tefas A, Pitas I. Regularized svd – based video frame saliency for unsupervised ac-tivity video summarization[C]. Proceedings of the IEEE inter – national conference on acoustics, speech and signal processing(ICASSP). 2018: 2691 – 2695.

[46] Ogasawara S, Akagi H. An approach to real – time position estimation at zero an low speed for a PM motor based on saliency[J]. IEEE transactions on industry applications, 1998, 34(1): 163 – 168.

[47] Zhou X, Wang Y, Xiao C, et al. Automated visual inspection of glass bottle bottom with sali-ency detection and template matching[J]. IEEE transactions on instrumentation and measure-ment, 2019, 68(11): 4253 – 4267.

[48] Bai X, Fang Y, Lin W, et al. Saliency – based defect detection in industrial images by using phase spectrum[J]. IEEE transactions on industrial informatics, 2014, 10(4): 2135 – 2145.

[49] Li M, Wan S, Deng Z, et al. Fabric defect detection based on saliency histogram features[J]. Computational intelligence, 2019, 35(3): 517 – 534.

[50] Zhao S, Zhong R Y, Wang J, et al. Unsupervised fabric defects detection based on spatial do-main saliency and features clustering [J]. Computers & industrial engineering, 2023, 185: 109681.

[51] Jiang X, Yan F, Lu Y, et al. Joint attention – guided feature fusion network for saliency detection of surface defects[J]. IEEE transactions on instrumentation and measurement, 2022, 71: 1 – 12.

[52] Niu M, Song K, Huang L, et al. Unsupervised saliency detection of rail surface defects using stereoscopic images[J]. IEEE transactions on industrial informatics, 2020, 17(3): 2271 – 2281.

[53] Song G, Song K, Yan Y. Saliency detection for strip steel surface defects using multiple constraints and improved texture features [J]. Optics and lasers in engineering, 2020, 128: 106000.

[54] Liu H, Hu J. An adaptive defect detection method for LNG storage tank insulation layer based on visual saliency[J]. Process safety and environmental protection, 2021, 156: 465 – 481.

[55] Guan S. Fabric defect delaminating detection based on visual saliency in HSV color space[J]. The journal of the textile institute, 2018, 109(12): 1560 – 1573.

[56] Wang J, Li G, Qiu G, et al. Depth – assisted semi – supervised RGB – D rail surface defect inspection[J]. IEEE transactions on intelligent transportation systems, 2024.

[57] Koch C, Ullman S. Shifts in selective visual attention: towards the underlying neural circuitry [J]. Human neurobiology, 1985, 4(4): 219 – 227.

[58] Itti L, Koch C, Niebur E. A model of saliency – based visual attention for rapid scene analysis [J]. IEEE transactions on pattern analysis and machine intelligence, 1998, 20 (11): 1254 – 1259.

[59] Foulsham T, Underwood G. What can saliency models predict about eye movements? Spatial and sequential aspects of fixations during encoding and recognition[J]. Journal of vision, 2008, 8 (2): 6.

[60] Wang J, Borji A, Kuo C C J, et al. Learning a combined model of visual saliency for fixation prediction[J]. IEEE transactions on image processing, 2016, 25(4): 1566 – 1579.

[61] Feng M, Borji A, Lu H. Fixation prediction with a combined model of bottom – up saliency and vanishing point[C]. IEEE winter conference on applications of computer vision(wacv). IEEE, 2016: 1 – 7.

[62] Koehler K, Guo F, Zhang S, et al. What do saliency models predict? [J]. Journal of vision, 2014, 14(3): 14.

[63] Schauerte B, Stiefelhagen R. Quaternion – based spectral saliency detection for eye fixation prediction[C]. Computer vision – ECCV 2012: 12th european conference on computer vision, flor-

ence, italy, october 7 – 13, 2012, proceedings, Part Ⅱ 12. springer berlin heidelberg, 2012: 116 – 129.

[64] Cornia M, Baraldi L, Serra G, et al. Predicting human eye fixations via an lstm – based saliency attentive model[J]. IEEE transactions on image processing, 2018, 27(10): 5142 – 5154.

[65] Riche N, Duvinage M, Mancas M, et al. Saliency and human fixations: State – of – the – art and study of comparison metrics[C]. Proceedings of the IEEE international conference on computer vision. 2013: 1153 – 1160.

[66] Min X, Zhai G, Gu K, et al. Fixation prediction through multimodal analysis[J]. ACM transactions on multimedia computing, communications, and applications(TOMM), 2016, 13(1): 1 – 23.

[67] Kruthiventi S S S, Ayush K, Babu R V. Deepfix: A fully convolutional neural network for predicting human eye fixations [J]. IEEE transactions on image processing, 2017, 26(9): 4446 – 4456.

[68] Sun X, Huang Z, Yin H, et al. An integrated model for effective saliency prediction[C]. Proceedings of the AAAI conference on artificial intelligence. 2017, 31(1).

[69] Treisman A M, Gelade G. A feature – integration theory of attention[J]. Cognitive psychology, 1980, 12(1): 97 – 136.

[70] Judd T, Ehinger K, Durand F, et al. Learning to predict where humans look[C]. Proceedings of the IEEE 12th international conference on computer vision(ICCV). 2009: 2106 – 2113.

[71] Hou X, Zhang L. Saliency detection: A spectral residual approach[C]. Proceedings of the IEEE conference on computer vision and pattern recognition(CVPR). 2007: 1 – 8.

[72] Liu H, Jiang S, Huang Q, et al. Region – based visual attention analysis with it's application in image browsing on small displays[C]. Proceedings of the 15th ACM international conference on multimedia. 2007: 305 – 308.

[73] Jiang H, Wang J, Yuan Z, et al. Automatic salient object segmentation based on context and shape prior[C]. Proceedings of the british machine vision conference(BMVC). 2011.

[74] Cheng M M, Zhang G X, Mitra N J, et al. Global contrast based salient region detection[C]. Proceedings of the IEEE computer society conference on computer vision and pattern recognition (CVPR). 2011: 409 – 416.

[75] Harel J, Koch C, Perona P. Graph – based visual saliency[C]. Proceedings of the 19th international conference on neural information processing systems(NIPS). cambridge, MA, USA: MIT

Press, 2006: 545 – 552.

[76] Perazzi F, Kraehenbuehl P, Pritch Y et al. Saliency filters: Contrast based filtering for salient region detection[J]. Proceedings of the IEEE computer society conference on computer vision and pattern recognition 2012: 733 – 740.

[77] Goferman S, Zelnik – Manor L, Tal A. Context – aware saliency detection[J]. IEEE transactions on pattern analysis and machine intelligence, 2012, 34(10): 1915 – 1926.

[78] Shen X, Wu Y. A unified approach to salient object detection via low rank matrix recovery[C]. Proceedings of the IEEE conference on computer vision and pattern recognition (CVPR). 2012: 853 – 860.

[79] Achanta R, Shaji A, Smith K, et al. SLIC superpixels compared to state – of – the – art superpixel methods[J]. IEEE Transactions on pattern analysis and machine intelligence, 2012, 34(11): 2274 – 2281.

[80] Cong R, Lei J, Fu H, et al. HSCS: Hierarchical sparsity based co – saliency detection for RGB-D images[J]. IEEE transactions on multimedia, 2018, 21(7): 1660 – 1671.

[81] Zhou T, Fan D P, Cheng M M, et al. RGB – D salient object detection: A survey[J]. Computational visual media, 2021, 7: 37 – 69.

[82] Ren J, Gong X, Yu L, et al. Exploiting global priors for RGB – D saliency detection[C]. Proceedings of the IEEE conference on computer vision and pattern recognition workshops. 2015: 25 – 32.

[83] Han J, Chen H, Liu N, et al. CNNs – based RGB – D saliency detection via cross – view transfer and multiview fusion[J]. IEEE transactions on cybernetics, 2017, 48(11): 3171 – 3183.

[84] Wang F, Pan J, Xu S, et al. Learning discriminative cross – modality features for RGB – D saliency detection[J]. IEEE transactions on image processing, 2022, 31: 1285 – 1297.

[85] Feng Z, Wang W, Li W, et al. MFUR – Net: Multimodal feature fusion and unimodal feature refinement for RGB – D salient object detection[J]. Knowledge – based systems, 2024: 112022.

[86] Zhang J, Fan D P, Dai Y, et al. RGB – D saliency detection via cascaded mutual information minimization[C]. Proceedings of the IEEE/CVF international conference on computer vision. 2021: 4338 – 4347.

[87] Sun P, Zhang W, Wang H, et al. Deep RGB – D saliency detection with depth – sensitive attention and automatic multi – modal fusion[C]. Proceedings of the IEEE/CVF conference on computer vision and pattern recognition. 2021: 1407 – 1417.

[88] Zhang Y, Zheng J, Jia W, et al. Deep RGB – D saliency detection without depth [J]. IEEE transactions on multimedia, 2021, 24: 755 – 767.

[89] Fan D P, Lin Z, Zhang Z, et al. Rethinking RGB – D salient object detection: Models, data sets, and large – scale benchmarks [J]. IEEE transactions on neural networks and learning systems, 2020, 32(5): 2075 – 2089.

[90] Wang G, Li C, Ma Y, et al. RGB – T saliency detection benchmark: Dataset, baselines, analysis and a novel approach [C]. Image and graphics technologies and applications: 13th Conference on image and graphics technologies and applications, IGTA 2018, Beijing, China, April 8 – 10, 2018, Revised selected papers 13. Springer singapore, 2018: 359 – 369.

[91] Zhang Q, Xiao T, Huang N, et al. Revisiting feature fusion for RGB – T salient object detection [J]. IEEE transactions on circuits and systems for video technology, 2020, 31 (5): 1804 – 1818.

[92] Tu Z, Xia T, Li C, et al. RGB – T image saliency detection via collaborative graph learning [J]. IEEE transactions on multimedia, 2020, 22(1): 160 – 173.

[93] Zhang Q, Huang N, Yao L, et al. RGB – T salient object detection via fusing multi – level CNN features [J]. IEEE transactions on image processing, 2019, 29: 3321 – 3335.

[94] Xu C, Li Q, Zhou M, et al. RGB – T salient object detection via CNN feature and result saliency map fusion [J]. Applied intelligence, 2022, 52(10): 11343 – 11362.

[95] Huang L, Song K, Gong A, et al. RGB – T saliency detection via low – rank tensor learning and unified collaborative ranking [J]. IEEE signal processing letters, 2020, 27: 1585 – 1589.

[96] Huang L, Song K, Wang J, et al. Multi – graph fusion and learning for RGBT image saliency detection [J]. IEEE transactions on circuits and systems for video technology, 2021, 32(3): 1366 – 1377.

[97] Gong A, Huang L, Shi J, et al. Unsupervised RGB – T saliency detection by node classification distance and sparse constrained graph learning [J]. Applied intelligence, 2022, 52(1): 1030 – 1043.

[98] Pang Y, Wu H, Wu C. Cross – modal co – feedback cellular automata for RGB – T saliency detection [J]. Pattern recognition, 2023, 135: 109138.

[99] Li H, Ngan K N. A co – saliency model of image pairs [J]. IEEE transactions on image processing, 2011, 20(12): 3365 – 3375.

[100] Fu H, Cao X, Tu Z. Cluster – based co – saliency detection [J]. IEEE Transactions on image

processing, 2013, 22(10): 3766 – 3778.

[101]Zhang D, Han J, Li C, et al. Co – saliency detection via looking deep and wide[C]. Proceedings of the IEEE conference on computer vision and pattern recognition. 2015: 2994 – 3002.

[102]Li Y, Fu K, Liu Z, et al. Efficient saliency – model – guided visual co – saliency detection [J]. IEEE signal processing letters, 2014, 22(5): 588 – 592.

[103]Zhang D, Fu H, Han J, et al. A review of co – saliency detection algorithms: Fundamentals, applications and challenges[J]. ACM transactions on intelligent systems and technology(TIST), 2018, 9(4): 1 – 31.

[104]Gao G, Zhao W, Liu Q, et al. Co – saliency detection with co – attention fully convolutional network[J]. IEEE transactions on circuits and systems for video technology, 2020, 31(3): 877 – 889.

[105]Li B, Sun Z, Wang Q, et al. Co – saliency detection based on hierarchical consistency[C]. Proceedings of the 27th ACM international conference on multimedia. 2019: 1392 – 1400.

[106]Yu H, Zheng K, Fang J, et al. Co – saliency detection within a single image[C]. Proceedings of the AAAI conference on artificial intelligence. 2018, 32(1).

[107]Li Z, Lang C, Feng J, et al. Co – saliency detection with graph matching[J]. ACM transactions on intelligent systems and technology(TIST), 2019, 10(3): 1 – 22.

[108]Han J, Cheng G, Li Z, et al. A unified metric learning – based framework for co – saliency detection[J]. IEEE transactions on circuits and systems for video technology, 2017, 28(10): 2473 – 2483.

[109]Zheng X, Zha Z J, Zhuang L. A feature – adaptive semi – supervised framework for co – saliency detection[C]. Proceedings of the 26th ACM international conference on multimedia. 2018: 959 – 966.

[110]Yao X, Han J, Zhang D, et al. Revisiting co – saliency detection: A novel approach based on two – stage multi – view spectral rotation co – clustering[J]. IEEE transactions on image processing, 2017, 26(7): 3196 – 3209.

[111]Hu R, Deng Z, Zhu X. Multi – scale graph fusion for co – saliency detection[C]. Proceedings of the AAAI conference on artificial intelligence. 2021, 35(9): 7789 – 7796.

[112]Wang W, Shen J, Guo F, et al. Revisiting video saliency: A large – scale benchmark and a new model[C]. Proceedings of the IEEE conference on computer vision and pattern recognition. 2018: 4894 – 4903.

[113] Fang Y, Lin W, Chen Z, et al. A video saliency detection model in compressed domain[J]. IEEE transactions on circuits and systems for video technology, 2013, 24(1): 27 – 38.

[114] Cong R, Lei J, Fu H, et al. Review of visual saliency detection with comprehensive information[J]. IEEE transactions on circuits and systems for video technology, 2018, 29(10): 2941 – 2959.

[115] Cong R, Lei J, Fu H, et al. Video saliency detection via sparsity – based reconstruction and propagation[J]. IEEE transactions on image processing, 2019, 28(10): 4819 – 4831.

[116] Guo C, Zhang L. A novel multiresolution spatiotemporal saliency detection model and its applications in image and video compression[J]. IEEE transactions on image processing, 2009, 19 (1): 185 – 198.

[117] Chen C, Li S, Wang Y, et al. Video saliency detection via spatial – temporal fusion and low – rank coherency diffusion[J]. IEEE transactions on image processing, 2017, 26(7): 3156 – 3170.

[118] Liu Z, Zhang X, Luo S, et al. Superpixel – based spatiotemporal saliency detection[J]. IEEE transactions on circuits and systems for video technology, 2014, 24(9): 1522 – 1540.

[119] Fang Y, Zhang X, Yuan F, et al. Video saliency detection by gestalt theory[J]. Pattern recognition, 2019, 96: 106987.

[120] Liu Z, Li J, Ye L, et al. Saliency detection for unconstrained videos using superpixel – level graph and spatiotemporal propagation[J]. IEEE transactions on circuits and systems for video technology, 2016, 27(12): 2527 – 2542.

[121] Treisman A M, Gelade G. A feature – integration theory of attention[J]. Cognitive psychology, 1980, 12(1): 97 – 136.

[122] Itti L, Koch. C. Computational modelling of visual attention[J]. Nature reviews neuroscience, 2001, 2(3): 194 – 203.

[123] Jiang P, Ling H, Yu J, et al. Salient region detection by UFO: Uniqueness, focusness and objectness[C]. Proceedings of the IEEE international conference on computer vision(ICCV). 2013: 1976 – 1983.

[124] Alexe B, Deselaers T, Ferrari V. Measuring the objectness of image windows[J]. IEEE transactions on pattern analysis and machine intelligence, 2012, 34(11): 2189 – 2202.

[125] Li X, Lu H, Zhang L, et al. Saliency detection via dense and sparse reconstruction[C]. Proceedings of the IEEE international conference on computer vision(ICCV). 2013: 2976 – 2983.

[126] Zhang L, Gu Z, Li H. SDSP: A novel saliency detection method by combining simple priors

[C]. Proceedings of the IEEE international conference on image processing (ICIP). 2013: 171 – 175.

[127] He K, Sun J, Tang X. Single image haze removal using dark channel prior[J]. IEEE transactions on pattern analysis and machine intelligence, 2011, 33(12): 2341 – 2353.

[128] Wei Y, Wen F, Zhu W, et al. Geodesic saliency using background priors[C]. Proceedings of the european conference on computer vision(ECCV). 2012: 29 – 42.

[129] Zhu W, Liang S, Wei Y, et al. Saliency optimization from robust background detection[C]. Proceedings of the IEEE conference on computer vision and pattern recognition(CVPR). 2014: 2814 – 2821.

[130] Zhang J, Sclaroff S, Lin Z, et al. Minimum barrier salient object detection at 80 FPS[C]. Proceedings of the IEEE international conference on computer vision(ICCV). 2015: 1404 – 1412.

[131] Tu W C, He S, Yang Q, et al. Real – time salient object detection with a minimum spanning Tree[C]. IEEE conference on computer vision and pattern recognition(CVPR). 2016: 2334 – 2342.

[132] Zou W, Kpalma K, Liu Z, et al. Segmentation driven low – rank matrix recovery for saliency detection[C]. Proceedings of the 24th british machine vision conference (BMVC). 2013: 1 – 13.

[133] Li J, Luo L, Zhang F, et al. Double low rank matrix recovery for saliency fusion[J]. IEEE transactions on image processing, 2016, 25(9): 4421 – 4432.

[134] Peng H, Li B, Ji R, et al. Salient object detection via low – rank and structured sparse matrix decomposition[C]. Proceedings of the twenty – seventh AAAI conference on artificial intelligence. 2013: 796 – 802.

[135] Peng H, Li B, Ling H, et al. Salient object detection via structured matrix decomposition[J]. IEEE transactions on pattern analysis and machine intelligence, 2017, 39(4): 818 – 832.

[136] Zheng Q, Yu S, You X. Coarse – to – fine salient object detection with low – rank matrix recovery[J]. Neurocomputing, 2020, 376: 232 – 243.

[137] Zhang Q, Huo Z, Liu Y, et al. Salient object detection employing a local tree – structured low – rank representation and foreground consistency[J]. Pattern recognition, 2019, 92: 119 – 134.

[138] Lang C, Feng J, Feng S, et al. Dual low – rank pursuit: Learning salient features for saliency detection[J]. IEEE transactions on neural networks and learning systems, 2016, 27(6):

1190 - 1200.

[139]Zhao M, Jiao L, Ma W, et al. Classification and saliency detection by semi - supervised low - rank representation[J]. Pattern recognition, 2016, 51: 281 - 294.

[140]Xue Y, Guo X, Cao X. Motion saliency detection using low - rank and sparse decomposition [C]. IEEE international conference on acoustics, speech and signal processing (ICASSP). IEEE, 2012: 1485 - 1488.

[141]Zhang Q, Liu Y, Zhu S, et al. Salient object detection based on super - pixel clustering and unified low - rank representation[J]. Computer vision and image understanding, 2017, 161: 51 - 64.

[142]Tang C, Wang P, Zhang C, et al. Salient object detection via weighted low rank matrix recovery[J]. IEEE signal processing letters, 2016, 24(4): 490 - 494.

[143]Yan J, Liu J, Li Y, et al. Visual saliency detection via rank - sparsity decomposition[C]. IEEE international conference on image processing. IEEE, 2010: 1089 - 1092.

[144]Li J, Luo L, Zhang F, et al. Double low rank matrix recovery for saliency fusion[J]. IEEE transactions on image processing, 2016, 25(9): 4421 - 4432.

[145]Lang C, Liu G, Yu J, et al. Saliency detection by multitask sparsity pursuit[J]. IEEE transactions on image processing, 2011, 21(3): 1327 - 1338.

[146]Gopalakrishnan V, Hu Y, Rajan D. Random walks on graphs to model saliency in images[C]. Proceedings of the IEEE conference on computer vision and pattern recognition(CVPR). 2009: 1698 - 1705.

[147]Yang C, Zhang L, Lu H, et al. Saliency detection via graph - based manifold ranking[C]. Proceedings of the IEEE conference on computer vision and pattern recognition(CVPR). 2013: 3166 - 3173.

[148]Jiang B, Zhang L, Lu H, et al. Saliency detection via absorbing markov chain[C]. Proceedings of the IEEE international conference on computer vision(ICCV). 2013: 1665 - 1672.

[149]Li C, Yuan Y, Cai W, et al. Robust saliency detection via regularized random walks ranking [C]. Proceedings of the IEEE conference on computer vision and pattern recognition(CVPR). 2015: 2710 - 2717.

[150]Li H, Lu H, Lin Z, et al. Inner and inter label propagation: Salient object detection in the wild[J]. IEEE transactions on image processing, 2015, 24(10): 3176 - 3186.

[151]Qin Y, Lu H, Xu Y, et al. Saliency detection via cellular automata[C]. Proceedings of the

IEEE conference on computer vision and pattern recognition(CVPR). 2015: 110 – 119.

[152]Zhou L, Yang Z, Yuan Q, et al. Salient region detection via integrating diffusion – based compactness and local contrast[J]. IEEE transactions on image processing, 2015, 24(11): 3308 – 3320.

[153]Zhou L, Yang Z, Zhou Z, et al. Salient region detection using diffusion process on a two – layer sparse graph[J]. IEEE Transactions on Image Processing, 2017, 26(12): 5882 – 5894.

[154]Li X, Li Y, Shen C, et al. Contextual hypergraph modeling for salient object detection[C]. Proceedings of the IEEE international conference on computer vision(ICCV). 2013: 3328 – 3335.

[155]Gong C, Tao D, Liu W, et al. Saliency propagation from simple to difficult[C]. Proceedings of the IEEE conference on computer vision and pattern recognition(CVPR). 2015: 2531 – 2539.

[156]Wang Q, Zheng W, Piramuthu R. GraB: visual saliency via novel graph model and background priors[C]. proceedings of the IEEE conference on computer vision and pattern recognition (CVPR). 2016: 535 – 543.

[157]Zhu L, Ling H, Wu J, et al. Saliency pattern detection by ranking structured trees[C]. proceedings of the IEEE international conference on computer vision(ICCV). 2017: 5467 – 5476.

[158]Yuan Y, Li C, Kim J, et al. Reversion correction and regularized random walk ranking for saliency detection[J]. IEEE transactions on image processing, 2018, 27(3): 1311 – 1322.

[159]Xiao X, Zhou Y, Gong Y J. RGB – 'D' saliency detection with pseudo depth[J]. IEEE transactions on image processing, 2019, 28(5): 2126 – 2139.

[160]Qin Y, Feng M, Lu H, et al. Hierarchical cellular automata for visual saliency[J]. International journal of computer vision, 2018, 126(7): 751 – 770.

[161]Zhang L, Ai J, Jiang B, et al. Saliency detection via absorbing markov chain with learnt transition probability[J]. IEEE transactions on image processing, 2018, 27(2): 987 – 998.

[162]Deng C, Yang X, Nie F, et al. Saliency detection via a multiple self – weighted graph – based manifold ranking[J]. IEEE transactions on multimedia, 2020, 22(4): 885 – 896.

[163]Zhang Y Y, Zhang S, Zhang P, et al. Local regression ranking for saliency detection[J]. IEEE transactions on image processing, 2020, 29: 1536 – 1547.

[164]Long J, Shelhamer E, Darrell T. Fully convolutional networks for semantic segmentation[C]. Proceedings of the IEEE conference on computer vision and pattern recognition(CVPR). 2015: 3431 – 3440.

［165］Liu T，Yuan Z，Sun J，et al. Learning to detect a salient object［J］. IEEE transactions on pattern analysis and machine intelligence，2011，33(2)：353 – 367.

［166］Jiang H，Wang J，Yuan Z，et al. Salient object detection：a discriminative regional feature integration approach［C］. Proceedings of the IEEE conference on computer vision and pattern Recognition(CVPR). 2013：2083 – 2090.

［167］Kim J，Han D，Tai Y W，et al. Salient region detection via high – dimensional color transform ［C］. Proceedings of the IEEE conference on computer vision and pattern recognition(CVPR). 2014：883 – 890.

［168］Kim J，Han D，Tai Y W，et al. Salient region detection via high – dimensional color transform and local spatial support［J］. IEEE transactions on image processing，2016，25(1)：9 – 23.

［169］Wang Q，Yuan Y，Yan P，et al. Saliency detection by multiple – instance learning［J］. IEEE transactions on cybernetics，2013，43(2)：660 – 672.

［170］Tong N，Lu H，Ruan X，et al. Salient object detection via bootstrap learning［C］. Proceedings of the IEEE conference on computer vision and pattern recognition(CVPR). 2015：1884 – 1892.

［171］Yang J，Yang M – H. Top – down visual saliency via joint CRF and dictionary learning［J］. IEEE transactions on pattern analysis and machine intelligence，2017，39(3)：576 – 588.

［172］Wang L，Lu H，Ruan X，et al. Deep networks for saliency detection via local estimation and global search［C］. Proceedings of the IEEE conference on computer vision and pattern recognition(CVPR). 2015：3183 – 3192.

［173］Zhao R，Ouyang W，Li H，et al. Saliency detection by multi – context deep learning［C］. Proceedings of the IEEE conference on computer vision and pattern recognition(CVPR). 2015：1265 – 1274.

［174］Zou W，Komodakis N. HARF：Hierarchy – associated rich features for salient object detection ［C］. Proceedings of the IEEE international conference on computer vision (ICCV). 2015：406 – 414.

［175］Hou Q，Cheng M M，Hu X，et al. Deeply supervised salient object detection with short connections［C］. Proceedings of the IEEE conference on computer vision and pattern recognition (CVPR). 2017：3203 – 3212.

［176］Zhao T，Wu X. Pyramid feature attention network for saliency detection［C］. Proceedings of the IEEE/CVF conference on computer vision and pattern recognition(CVPR). 2019：3085 – 3094.

［177］Pang Y，Zhao X，Zhang L，et al. Multi – scale interactive network for salient object detection

[C]. Proceedings of the IEEE/CVF conference on computer vision and pattern recognition (CVPR). 2020: 9410 – 9419.

[178] Wu Z, Su L, Huang Q. Decomposition and completion network for salient Object Detection[J]. IEEE Transactions on Image Processing, 2021, 30: 6226 – 6239.

[179] Wang S, Xu X, Chen H, et al. Low – light salient object detection meets the small size[J]. IEEE transactions on emerging topics in computational intelligence, 2024.

[180] Wu Z, Liu C, Wen J, et al. Spatial continuity and nonequal importance in salient object detection with image – category supervision[J]. IEEE transactions on neural networks and learning systems, 2024.

[181] Pang Y, Zhao X, Zhang L, et al. Multi – scale interactive network for salient object detection[C]. Proceedings of the IEEE/CVF conference on computer vision and pattern recognition. 2020: 9413 – 9422.

[182] Itti L. Visual salience[J]. Scholarpedia, 2007, 2(9): 3327.

[183] Theeuwes J. Visual selective attention: A theoretical analysis[J]. Acta psychologica, 1993, 83 (2): 93 – 154.

[184] Eriksen B A, Eriksen C W. Effects of noise letters upon the identification of a target letter in a nonsearch task[J]. Perception & psychophysics, 1974, 16(1): 143 – 149.

[185] O'Craven K M, Downing P E, Kanwisher N. fMRI evidence for objects as the units of attentional selection[J]. Nature, 1999, 401(6753): 584 – 587.

[186] Yan Q, Xu L, Shi J, et al. Hierarchical saliency detection[C]. Proceedings of the IEEE conference on computer vision and pattern recognition(CVPR). 2013: 1155 – 1162.

[187] Movahedi V, Elder J H. Design and perceptual validation of performance measures for salient object segmentation[C]. Proceedings of the IEEE Computer Society Conference on Computer Vision and Pattern Recognition – Workshops(CVPRW). 2010: 49 – 56.

[188] Li G, Yu Y. Visual saliency based on multiscale deep features[C]. Proceedings of the IEEE conference on computer vision and pattern recognition(CVPR). 2015: 5455 – 5463.

[189] Li Y, Hou X, Koch C, et al. The secrets of salient object segmentation[C]. Proceedings of the IEEE conference on computer vision and pattern recognition(CVPR). 2014: 280 – 287.

[190] Fan D P, Cheng M M, Liu Y, et al. Structure – measure: A new way to evaluate foreground maps[C]. Proceedings of the IEEE international conference on computer vision(ICCV). 2017: 4558 – 4567.

［191］Achanta R，Hemami S，Estrada F，et al. Frequency – tuned salient region detection［C］. Proceedings of the IEEE Conference on Computer Vision and Pattern Recognition（CVPR）. 2009：1597 – 1604.

［192］Fan D – P，Gong C，Cao Y，et al. Enhanced – alignment Measure for Binary Foreground Map Evaluation［C］. Proceedings of the International Joint Conference on Artificial Intelligence（IJ-CAI）. 2018：698 – 704.

［193］Shahshahani B，Landgrebe D. The effect of unlabeled samples in reducing the small sample size problem and mitigating the Hughes phenomenon［J］. IEEE Transactions on Geoscience and Remote Sensing，1994，32（5）：1087 – 1095.

［194］景慧昀. 视觉显著性检测关键技术研究［D］. 哈尔滨：哈尔滨工业大学，2014.

［195］Neuenschwander S，Singer W. Long – range synchronization of oscillatory light responses in the cat retina and lateral geniculate nucleus［J］. Nature，1996，379（6567）：728 – 733.

［196］杨智. 显著性区域检测方法研究［D］. 武汉：华中科技大学，2015.

［197］Mazza V，Turatto M，Umilta C. Foreground – background segmentation and attention：A change blindness study［J］. Psychological research，2005，69：201 – 210.

［198］Kimchi R，Peterson M A. Figure – ground segmentation can occur without attention［J］. Psychological Science，2008，19（7）：660 – 668.

［199］黄侃. 视觉显著性检测方法与应用研究［D］. 上海：中国科学院上海技术物理研究所，2017.

［200］Zhou D，Weston J，Gretton A，et al. Ranking on Data Manifolds［J］. Advances in Neural Information Processing Systems，2003，16.

［201］Zhu X，Ghahramani Z，Lafferty J D. Semi – supervised learning using gaussian fields and harmonic functions［C］. Proceedings of the 20th International conference on Machine learning（ICML – 03）. 2003：912 – 919.

［202］Felzenszwalb P F，Huttenlocher D P. Efficient graph – based image segmentation［J］. International Journal of Computer Vision，2004，59（2）：167 – 181.

［203］Qian P，Chung F L，Wang S，et al. Fast graph – based relaxed clustering for large data sets using minimal enclosing ball［J］. IEEE Transactions on Systems，Man，and Cybernetics，Part B（Cybernetics），2012，42（3）：672 – 687.

［204］Shekkizhar S，Ortega A. Efficient graph construction for image representation［C］. IEEE International Conference on Image Processing（ICIP）. IEEE，2020：1956 – 1960.

[205]Wang J, Lu C, Wang M, et al. Robust face recognition via adaptive sparse representation[J]. IEEE transactions on cybernetics, 2014, 44(12): 2368 – 2378.

[206]Cheung G, Magli E, Tanaka Y, et al. Graph spectral image processing[J]. Proceedings of the IEEE, 2018, 106(5): 907 – 930.

[207]Felzenszwalb P F, Huttenlocher D P. Efficient graph – based image segmentation[J]. International journal of computer vision, 2004, 59: 167 – 181.

[208]Song Z, Yang X, Xu Z, et al. Graph – based semi – supervised learning: A comprehensive review[J]. IEEE Transactions on Neural Networks and Learning Systems, 2022, 34 (11): 8174 – 8194.

[209]Chong Y, Ding Y, Yan Q, et al. Graph – based semi – supervised learning: A review[J]. Neurocomputing, 2020, 408: 216 – 230.

[210]Yang Z, Cohen W, Salakhudinov R. Revisiting semi – supervised learning with graph embeddings[C]. International conference on machine learning. PMLR, 2016: 40 – 48.

[211]He J, Li M, Zhang H J, et al. Manifold – ranking based image retrieval[C]. Proceedings of the 12th annual ACM international conference on Multimedia. 2004: 9 – 16.

[212]Wang B, Pan F, Hu K M, et al. Manifold – ranking based retrieval using k – regular nearest neighbor graph[J]. Pattern Recognition, 2012, 45(4): 1569 – 1577.

[213]Subramanya A, Talukdar P P. Graph – based semi – supervised learning[M]. Springer Nature, 2022.

[214]Jebara T, Wang J, Chang S F. Graph construction and b – matching for semi – supervised learning[C]. Proceedings of the 26th annual international conference on machine learning. 2009: 441 – 448.

[215]Wang J, Wang F, Zhang C, et al. Linear neighborhood propagation and its applications[J]. IEEE transactions on pattern analysis and machine intelligence, 2008, 31(9): 1600 – 1615.

[216]Zhou D, Bousquet O, Lal T, et al. Learning with local and global consistency[J]. Advances in neural information processing systems, 2003, 16.

[217]Wang F, Peng G. Saliency detection based on color descriptor and high – level prior[J]. Machine Vision and Applications, 2021, 32: 1 – 12.

[218]Fan W, Guohua P. Salient Object Detection via Quaternionic Local Ranking Binary Pattern and High – Level Priors[C]. 2019 IEEE 4th International Conference on Image, Vision and Computing(ICIVC). IEEE, 2019: 529 – 533.

[219] Lan R, Zhou Y, Tang Y Y. Quaternionic weber local descriptor of color images[J]. IEEE Transactions on Circuits and Systems for Video Technology, 2015, 27(2): 261 - 274.

[220] Lan R, Zhou Y, Tang Y Y. Quaternionic Local Ranking Binary Pattern: A Local Descriptor of Color Images[J]. IEEE Transactions on Image Processing, 2016, 25(2): 566 - 579.

[221] Xu L, Lu C, Xu Y, et al. Image Smoothing via L_0 Gradient Minimization[J]. ACM Transactions on Graphics, 2011, 30(6): 1 - 12.

[222] Cheng M M, Warrell J, Lin W Y, et al. Efficient salient region detection with soft image abstraction[C]. Proceedings of the IEEE International Conference on Computer vision. 2013: 1529 - 1536.

[223] Wang F, Peng G. Salient object detection via cross diffusion - based compactness on multiple graphs[J]. Multimedia Tools and Applications, 2021, 80(10): 15959 - 15976.

[224] Sun J, Lu H, Liu X. Saliency region detection based on markov absorption probabilities[J]. IEEE transactions on image processing, 2015, 24(5): 1639 - 1649.

[225] Fu K, Gu I Y, Gong C, et al. Robust manifold - preserving diffusion - based saliency detection by adaptive weight construction[J]. Neurocomputing, 2015, 175(PartA): 336 - 347.

[226] Fu K, Gu I Y H, Yang J. Learning full - range affinity for diffusion - based saliency detection [C]. Proceedings of the IEEE International Conference on Acoustics, Speech and Signal Processing(ICASSP). 2016: 1926 - 1930.

[227] Moradi M, Bayat F. A salient object segmentation framework using diffusion - based affinity learning[J]. Expert Systems with Applications, 2021, 168: 114428.

[228] Zhu X, Tang C, Wang P, et al. Saliency detection via affinity graph learning and weighted manifold ranking[J]. Neurocomputing, 2018, 312: 239 - 250.

[229] Xiao Y, Jiang B, Zheng A, et al. Saliency detection via multi - view graph based saliency optimization[J]. Neurocomputing, 2019, 351: 156 - 166.

[230] Wang F, Peng G. Graph - based saliency detection using a learning joint affinity matrix[J]. Neurocomputing, 2021, 458: 33 - 46.

[231] Liu G, Lin Z, Yan S, et al. Robust recovery of subspace Structures by low - rank representation[J]. IEEE transactions on pattern analysis and machine intelligence, 2013, 35(1): 171 - 184.

[232] Tang C, Zhu X, Liu X, et al. Learning a Joint Affinity Graph for Multiview Subspace Clustering[J]. IEEE Transactions on Multimedia, 2019, 21(7): 1724 - 1736.

[233] Heikkilä M, Pietikäinen M, Schmid C. Description of interest regions with local binary patterns [J]. Pattern Recognition, 2009, 42(3), 425 – 436.

[234] Simoncelli E P, Freeman W T. The steerable pyramid: a flexible architecture for multi – scale derivative computation [C]. In: Proceedings., International Conference on Image Processing (ICIP). 1997: 444 – 447.

[235] Fogel I, Sagi D. Gabor filters as texture discriminator [J]. Biological cybernetics, 1989, 61 (2): 103 – 113.

[236] Shen J, Du Y, Wang W, et al. Lazy Random walks for superpixel segmentation [J]. IEEE transactions on image processing, 2014, 23(4): 1451 – 1462.

[237] Shen J, Hao X, Liang Z, et al. Real – time superpixel segmentation by DBSCAN clustering algorithm [J]. IEEE transactions on image processing, 2016, 25(12): 933 – 5942.

[238] Xia C, Zhang H, Gao X, et al. Exploiting background divergence and foreground compactness for salient object detection [J]. Neurocomputing, 2020, 383(28): 194 – 211.

[239] Wang F, Peng G. Graph construction by incorporating local and global affinity graphs for saliency detection [J]. Signal Processing: Image Communication, 2022, 105: 116712.

[240] Li G, Yu Y. Visual saliency detection based on multiscale deep CNN features [J]. IEEE Transactions on Image Processing, 2016, 25(11): 5012 – 5024.

[241] Wang T, Zhang L, Lu H, et al. Kernelized subspace ranking for saliency detection [C]. Leibe B, Matas J, Sebe N, et al. Proceedings of the European Conference on Computer Vision(ECCV). 2016: 450 – 466.

[242] Zhang L, Zhang J, Lin Z, et al. CapSal: leveraging captioning to boost semantics for salient object detection [C]. Proceedings of the IEEE/CVF conference on computer vision and pattern recognition(CVPR). 2019: 6017 – 6026.

[243] Zeng Y, Zhuge Y, Lu H, et al. Multi – source weak supervision for saliency detection [C]. Proceedings of the IEEE/CVF conference on computer vision and pattern recognition(CVPR). 2019: 6074 – 6083.

[244] Wang F, Peng G. Saliency detection via coarse – to – fine diffusion – based compactness with weighted learning affinity matrix [J]. Journal of Visual Communication and Image Representation, 2021, 78: 103151.

[245] Tang C, Liu X, Li M, et al. Robust unsupervised feature selection via dual self – representation and manifold regularization [J]. Knowledge – Based Systems, 2018, 145: 109 – 120.

[246] Fu K，Gu I，Gong C，Yang J. Robust manifold – preserving diffusion – based saliency detection by adaptive weight construction[J]. Neurocomputing，2016，175：336 – 347.

[247] Wang F，Peng G. Intensifying graph diffusion – based salient object detection with sparse graph weighting[J]. Multimedia Tools and Applications，2023，82(22)：34113 – 34127.

[248] Dornaika F，Weng L. Sparse graphs with smoothness constraints：application to dimensionality reduction and semi – supervised classification[J]. Pattern Recognition，2019，95：285 – 295.

[249] Roweis S，Saul L. Nonlinear dimensionality reduction by locally linear embedding[J]. Science，2000，290(5500)：2323 – 2326.

[250] Yang C，Zhang L，Lu H. Graph – regularized saliency detection with convex – hull – based center prior[J]. IEEE signal processing letters，2013，20(7)：637 – 640.

[251] Otsu N. A Threshold selection method from gray – level histograms[J]. IEEE transactions on systems man & cybernetics，2007，9(1)：62 – 66.

[252] Alpert S，Galun M，Brandt A，et al. Image segmentation by probabilistic bottom – up aggregation and cue integration[J]. IEEE trans pattern anal mach intell，2012，34(2)：315 – 327.

[253] Alexe B，Deselaers T，Ferrari V. What is an object？ [C]. IEEE computer society conference on computer vision and pattern recognition(CVPR). 2010：73 – 80.

[254] Fu K，Gu I Y H，Yang J. Spectral salient object detection[J]. Neurocomputing，2018，275：788 – 803.

[255] Theeuwes J. Visual selective attention：A theoretical analysis[J]. Acta psychologica，1993，83(2)：93 – 154.